HORTICULTEUR GASTRONOME

BONS LÉGUMES

ET

BONS FRUITS

OU CHOIX DES MEILLEURES VARIÉTÉS DE PLANTES POTAGÈRES
ET D'ARBRES FRUITIERS, VIGNES, ETC., A CULTIVER
ET MOYEN DE CONSERVER LES FRUITS ET LÉGUMES PENDANT L'HIVER

SUIVIS

DES 365 SALADES DE L'AMI ANTOINE

DE LA MANIÈRE D'ÉTABLIR UN JARDIN POTAGER-FRUITIER DE PRODUIT

ET DU

CALENDRIER DE L'HORTICULTEUR

Indiquant les travaux à exécuter, chaque mois, dans les jardins du nord,
du centre et du midi de la France

PAR

V.-F. LEBEUF

PARIS

RORET	CHAMEROT ET LAUVEREYNS
LIBRAIRE-ÉDITEUR	LIBRAIRES-ÉDITEURS
12, RUE HAUTEFEUILLE, 12	13, RUE DU JARDINET, 13

1877

ICULTEUR

RONOME

L'HORTICULTEUR

GASTRONOME

IMPRIMERIE D. BARDIN, A SAINT-GERMAIN

L'HORTICULTEUR GASTRONOME

BONS LÉGUMES

ET

BONS FRUITS

OU CHOIX DES MEILLEURES VARIÉTÉS DE PLANTES POTAGÈRES
ET D'ARBRES FRUITIERS, VIGNES, ETC., A CULTIVER
ET MOYEN DE CONSERVER LES FRUITS ET LÉGUMES PENDANT L'HIVER

SUIVIS

DES 365 SALADES DE L'AMI ANTOINE

DE LA MANIÈRE D'ÉTABLIR UN JARDIN POTAGER-FRUITIER DE PRODUIT

ET DU

CALENDRIER DE L'HORTICULTEUR

Indiquant les travaux à exécuter, chaque mois, dans les jardins du nord,
du centre et du midi de la France.

PAR

V.-F. LEBEUF

PARIS

<table>
<tr><td>RORET
LIBRAIRE-ÉDITEUR
12, RUE HAUTEFEUILLE, 12</td><td>CHAMEROT ET LAUVEREYNS
LIBRAIRES-ÉDITEURS
13, RUE DU JARDINET, 13</td></tr>
</table>

1878

L'HORTICULTEUR GASTRONOME

BONS LÉGUMES

PARIS

Le titre de cet ouvrage semblera peut-être,
à quelques-uns, un appel fait à la gourmandise,
bien que *gastronome* et *gourmand* ne soient pas
synonymes (la gourmandise est un défaut, la
gastronomie est une science) ; d'autres n'y ver-
ront que ce que nous avons voulu qu'il fût : le
nom de baptème d'un petit livre spécial à la
culture des bons légumes, des bons fruits, ayant
surtout pour but de distinguer les bons d'avec
les mauvais et d'indiquer le moyen d'en conserver les types purs en évitant les dégénéres-
cences et les croisements.

Il y a un grand nombre de livres d'horticulture, mais tous laissent le lecteur dans l'embarras du choix des bonnes variétés de plantes
à cultiver; aucun n'a traité spécialement la
question qui nous a occupé ici; aussi, nous
avons pensé qu'un travail du genre de celui-ci
serait doublement utile en évitant des tâtonne-
ments et des pertes à ceux qui n'ont pu étudier

avec soin toutes les plantes, et en faisant subs-
tituer les bonnes variétés aux mauvaises.

Nous avons également traité rapidement la
question de la conservation des légumes et des
fruits pendant l'hiver : chose indispensable ;
car à quoi servirait-il de les récolter si on les
laissait se perdre ensuite ?

V.-F. LEBEUF.

Argenteuil, le 26 décembre 1867.

L'HORTICULTEUR

GASTRONOME

Parmi les légumes et fruits divers qui sont cultivés en France, il y en a un grand nombre de médiocres, beaucoup de mauvais, et fort peu de bons.

Le peu de soin qu'on leur donne leur enlève encore de la qualité.

Plutôt que de cultiver les mauvais et les médiocres, pourquoi ne pas cultiver les bons?

Il y a trois raisons. La première, c'est que les bons ne sont pas toujours connus; la seconde, que les mauvais produisent souvent un peu plus que les bons; la troisième, que fort peu de gens ont le palais assez délicat ou le goût assez fin pour distinguer les bons d'avec les mauvais.

Des goûts et des couleurs il ne faut pas disputer; mais en fait d'aliments, il y a des lois qui sont acceptées par un certain nombre de connaisseurs, disons le mot, de *gastronomes*, lois qui sont généralement reconnues incontestables et font autorité.

De ce qu'un grand nombre de personnes aiment passionnément un légume ou un fruit, il n'en faut pas conclure qu'il est bon. Il y a, en gastronomie, *beaucoup d'appelés et peu d'élus.* Citons des exemples : à Paris on ne prise que le haricot flageolet; dans toute la banlieue on ne cultive que cette variété. Les départements en envoient des montagnes à la halle. Eh bien! y a-t-il un haricot plus mauvais, plus détestable? Le meilleur de tous, le coco, y est complétement inconnu. On cultive le flageolet parce qu'il produit des quantités considérables de petites cosses et de petites graines, le tout plus ou moins dur, coriace et insipide. On ne rencontre que la citrouille à vache, le giraumont et autres détestables potirons, tandis qu'il y en a d'exquis, tels que le potiron sucré, la courge de l'Ohio à goût de gaude, etc.

Les maraîchers ne se préoccupent que de produire des masses de légumes et de fruits. Pour eux, l'abondance est tout, la qualité n'est rien. Puis, ils recherchent les plantes les plus hâtives; toutes celles qui ne parcourent pas rapidement les phases de leur existence sont rejetées. C'est pourquoi on ne connaît pas, dans la banlieue de Paris, la laitue paresseuse, la meilleure de toutes les laitues.

Plus une plante est tôt arrivée au terme de sa croissance, plus elle est recherchée ; de telle sorte qu'on ne cultive que les plus hâtives, et il est universellement reconnu que ce sont les moins bonnes. Les légumes et les fruits tardifs sont infiniments supérieurs, s'ils ne sont pas les seuls bons.

Qu'on cherche à se procurer des primeurs, rien de mieux ; mais qu'on ne nous vante pas ces produits à l'exclusion des autres.

Le maraîcher trouve bon ce qui produit vite et beaucoup ; l'horticulteur gastronome trouve bon ce qui est bon : rien de plus, rien de moins.

Il y a, dans toutes les substances alimentaires, deux choses : la quantité et la qualité. La quantité, c'est le poids et le volume ; la qualité, c'est la partie nutritive et là saveur. Ainsi, telle substance pèse trois fois plus qu'une autre, à volume égal, et contient moins de matière nutritive. En général, on tient trop peu de compte de cela. A quoi bon se charger l'estomac de matières inertes, et l'occuper à un travail complétement inutile ? Est-ce que les Anglais, qui ne mangent pas de soupe et peu ou presque pas de pain, ne se portent pas aussi bien que les Français qui se gorgent d'eau chaude sous prétexte que cela fait du bien à l'estomac? Que voulez-vous que l'estomac retire de cette inondation de bouillon qui ne contient presque rien? C'est le forcer à distiller un demi-litre d'eau pour avoir une goutte de substance alimentaire assimilable. C'est s'exposer à l'obésité, s'il y a de la prédisposition, à mourir d'apoplexie, d'indigestion, ou à devenir asthmatique ou catarrheux. Triste perspective !

Il faut que les aliments aient entre eux une certaine harmonie : il faut qu'il y ait un rapport entre le poids, le volume et la matière nutritive; il faut également qu'un autre rapport existe entre les solides et les liquides. Ce qui nuit le plus, dans l'alimentation, c'est la surabondance du volume, du poids et du liquide : toutes choses qu'on rencontre dans les légumes et les fruits grossiers. Abstenons-nous donc d'en manger, et ne les cultivons qu'à défaut d'autres. Il y en a assez de bons pour qu'on supprime les mauvais.

REVUE DES MEILLEURS LÉGUMES ET FRUITS DE TERRE.

Nous allons passer en revue, par ordre alphabétique, pour faciliter les recherches, toutes les

plantes qui nous intéressent, en ayant le soin
d'indiquer, pour les meilleures, les modes de
culture ou d'emploi qui différeraient de ceux
généralement pratiqués, renvoyant aux ouvrages d'horticulture, dont le nombre est si
grand, ceux qui voudraient connaître la culture de toutes les plantes potagères (les bons
livres qui traitent de cette matière abondent).
Nous ferons, dans cette revue, le triage des
plantes en les divisant en trois classes : les
bonnes, les médiocres et les mauvaises. Les
bonnes auront naturellement la préférence ;
nous ne conserverons les médiocres que dans
le cas où elles ne pourraient être remplacées
par aucunes autres meilleures ; quant aux mauvaises, nous les rejetons absolument.

Avant de commencer ce classement, nous devons faire observer que la nature du sol et
l'exposition peuvent apporter quelques modi-
fications dans le rendement, la saveur et les
qualités ; mais ces exceptions sont si rares, que
nous ne les signalons pas. C'est à l'amateur à
apprécier ces différences et à trouver le moyen
de les combattre.

Le choix de la graine a bien aussi quelque
influence sur certaines plantes, de même que le
mode de culture. Chaque fois que nous ren-
contrerons une plante plus exigeante que les
autres, sous ce rapport, nous la signalerons,

pour mettre l'amateur en garde contre cet inconvénient.

Ail. — L'ail est indispensable en cuisine ; c'est le condiment par excellence. Il y en a plusieurs variétés ; la plus estimée est l'*ail commun* ou *ail blanc*. L'*ail rocambole* et l'*ail rose* lui sont inférieurs en produit et en qualité. — Pour la reproduction, plantez les gousses du tour de la tête et non celles de l'intérieur.

Arroche ou *belle-dame*. — Mauvais légume. On l'utilise pour remplacer l'épinard auquel il est très-inférieur. — Trois variétés, la moins mauvaise est la verte, les feuilles et les tiges sont comestibles ; on peut, à la rigueur, l'employer pour la grosse consommation de la ferme.

Artichaut. — Il y a quatre variétés qui sont : le *vert de Provence*, le *violet*, le *gros de Laon*, le *camus de Bretagne*.

Le *vert de Provence*, à supprimer ; mauvais artichaut, insipide ; la plante est très-sensible à la gelée et à la pourriture l'hiver et au printemps.

Le *violet*, joli artichaut, tendre, bon à manger à la poivrade ; on lui reproche d'être un peu fade ; médiocre cuit.

Le *gros vert de Laon*, le meilleur de tous, cuit, mais inférieur au violet pour la poivrade.

Le *camus de Bretagne*, très-productif, très-parfumé, le meilleur pour la poivrade ; il ne convient qu'à ceux qui ont de bonnes dents ou qui aiment l'artichaut cru, car cuit, il est médiocre.

Observations. — On perd souvent es artichauts l'hiver, par excès de précaution. On les butte et on les couvre dès le mois d'octobre, et on les laisse dans cet état jusqu'en mars. Il faut, au contraire, les butter le plus tard possible, fin novembre, par exemple, s'il ne survient pas de fortes gelées et de la neige. Pour cela, on coupe les feuilles à 30 centimètres de longueur, et on amoncelle la terre jusqu'à la hauteur de 20 centimètres, en la tassant autour des feuilles pour qu'il y ait moins de vide, ce qui formerait un entonnoir qui conduirait l'eau jusqu'au cœur de la plante. Quand les froids deviennent plus grands, on relève la butte de manière à lui donner 25 centimètres au moins ; puis on place dans le carré du grand fumier ou de la litière qu'on arrange en forme de butte et, aussitôt que la neige survient, on pose cette calotte sur la touffe d'artichaut, pour la préserver de l'humidité comme des fortes gelées.

. Quand on a à sa disposition des feuilles ou des balles d'orge, ou encore des siliques de colza ou de navette, on peut en garnir le tour des buttes et en mettre 10 centimètres sur la touffe au lieu de fumier ; seulement, comme le vent peut enlever les siliques, et qu'elles préservent un peu moins de l'eau, on met un peu de grand fumier dessus.

Aussitôt que le temps se radoucit, on donne un peu d'air en écartant le fumier ou les feuilles ; mais il faut les replacer quand les pluies et le froid reviennent. Vers le 15 février, on donne un peu d'air ; au 1er mars, on enlève la calotte entièrement, et quinze jours après on débutte.

Toutes ces indications sont faites pour le centre de la France et le climat de Paris ; dans les pays plus froids ou plus chauds, il faudra les modifier selon les besoins. Ainsi, dans le Midi, il sera presque inutile de recourir aux calottes de fumier, le simple buttage suffira.

Asperges. — Il y a plusieurs variétés d'asperges : elles sont toutes bonnes quand elles sont bien cultivées ; mais la meilleure et la plus productive est incontestablement celle d'Argenteuil.

Dans les localités où l'on plante l'asperge en fosse ou sur couche, elle est toujours verte, dure, amère, coriace et de mauvais goût, parce qu'elle ne s'attendrit pas et ne s'étiole pas en traversant la butte. Entre une asperge buttée, blanche et tendre, et une asperge verte, venue à plat, il y a autant de différence qu'entre une chicorée verte et une chicorée blanche.

Cultivez donc l'asperge d'Argenteuil, et d'après *les procédés d'Argenteuil*, vous aurez ainsi la meilleure, la plus belle et la plus productive de toutes les asperges connues. Abandonnez cette pratique surannée, onéreuse, impossible, de la création des couches, etc., etc., inventées par l'ignorance et recommandées par la routine.

Notons en passant qu'une asperge trop petite ou mal faite, crochue, rouillée ou verte, dont le *bouton* (la pointe) est ouvert, ou qui est restée plus de vingt-quatre heures exposée à l'air, est mauvaise et ne doit pas figurer sur une bonne table.

L'asperge est un excellent légume ; il mérite tous nos soins et la plus grande attention. Bien cultivée, elle fait les délices des amateurs et la fortune des spéculateurs.

Aubergine. — Fruit douteux, médiocre sinon mauvais. — Bon à cultiver comme curiosité. A supprimer.

Baselle. — Plante inventée par les marchands de graines pour distraire les niais. A supprimer.

Betterave. — Nous n'avons pas à nous occuper de la betterave à sucre ni des betteraves fourragères, mais bien de la betterave à salade, qu'on associe à la barbe de capucin ou chicorée sauvage (voir Chicorée sauvage). La seule variété qui soit comestible est la *petite betterave rouge*. Toutes les autres sont inférieures.

Batate. — Les tubercules de cette plante sont plus rares que bons ; on les recherche plus à cause de la difficulté de les cultiver qu'en raison de leur qualité ; cependant, ils ont des amateurs. La batate est bonne préparée à la maître d'hôtel, comme la pomme de terre ; mais son goût fade et sucré la fait rejeter par un grand nombre de personnes. Quelques-unes la mangent cuite sous la cendre avec du beurre.

Culture. — Au mois de mars on divise les tubercules en morceaux ayant quatre yeux ; on les plante sur couche tiède ; en avril, on repique sous cloche et sur couche ; fin mai, on enlève les cloches et on laisse courir la plante ; on arrache en octobre et on conserve les tubercules comme ceux de la pomme de terre.

Brocolis. — Légume très-médiocre, mais que quelques personnes aiment. Le brocolis, comme le chou-fleur, est peu nutritif et d'une digestion assez difficile.

Cardon. — Il y a cinq ou six variétés de cardons ; c'est une plante d'une mince valeur ; cependant quelques personnes lui trouvent la saveur de l'artichaut cuit. Le cardon de Tours est le plus estimé ; mais il a l'inconvénient d'avoir des épines singulièrement piquantes. On peut cultiver les autres ; quant à celui-ci, nous le déclarons plus dangereux que bon. En somme, c'est un légume plus que médiocre.

Carotte. — La carotte, quand elle est jeune et de bonne variété, n'est pas un mauvais légume ; la meilleure est la *rouge courte de Hollande*, pour primeur, et la *rouge longue.*

Quinze jours après qu'elle est récoltée, la carotte ne doit plus figurer sur la table ; son emploi doit être restreint aux besoins du pot-au-feu. Encore faut-il en être très-sobre si l'on ne veut altérer le goût du bouillon.

Céleri. — Il y a plusieurs variétés de céleri à côte ; le seul que nous recommandions est le *céleri turc* ou *céleri plein blanc turc*. On le désigne aussi sous le nom de *céleri court hâtif*. Il est tendre et cassant, et blanchit aisément et rapidement.

Observations. — Pour la vente, on cherche à obtenir de gros céleris ; à cet effet, on les plante très-espacés : ce ne sont pas les meilleurs ; aussi nous les plantons très-drus (à 30 centimètres en tous sens) ; puis, au mois de novembre, ou plus tôt si on le désire, on les lie, on les arrache et on les enterre touche à touche pour les faire blanchir, en ne laissant dépasser que l'extrémité des feuilles qu'on recouvre de paille et de paillassons quand il gèle. Ils se conservent ainsi tout l'hiver.

Céleri-Rave. — Trois variétés, toutes trois également bonnes.

Généralement, on conserve mal le céleri-rave ; on l'arrache avant l'hiver, et on le met à la cave où il fane bien vite et devient cotonneux. Pour le conserver frais jusqu'au mois de mars, on fait un trou en terre et on y dépose les racines, après les avoir débarrassées des feuilles, en couches de 15 centimètres, et on rejette 5 centimètres de terre dessus. On fait une seconde couche qu'on traite de même, puis une troisième, et on termine par une couche de terre de 40 centimètres. Par les grandes gelées, pour pouvoir en avoir facilement, on met de la paille sur l'endroit qui a reçu ces racines, afin que la terre ne gèle pas et qu'on puisse ainsi les retirer à volonté.

Cerfeuil. — Ne cultivez que le cerfeuil frisé ; quoique moins productif que le cerfeuil ordinaire, il est meilleur et on ne risque pas de le confondre avec la ciguë. Le *cerfeuil musqué* ou *vivace* est très-médiocre ; il n'a d'autre qualité que sa précocité.

Cerfeuil bulbeux ou *tubéreux.* — Cette plante est très-recommandable par ses qualités, mais elle a le défaut d'être peu productive.

On sème en octobre ; la plante lève après l'hiver, et on arrache les racines en juillet. — On les conserve à la cave comme les navets.

Semée au printemps, la graine ne lève que l'année suivante.

Le cerfeuil bulbeux ne produit presque pas de feuilles, il a l'aspect toujours chétif; c'est pourquoi on ne doit le semer que dans un sol bien approprié et bien nettoyé.

Les racines se mangent à la maître d'hôtel, sans autre assaisonnement que du beurre, du sel et du poivre. Elles sont exquises tant qu'elles sont fraîches; quand elles ont plus de trois mois d'arrachage elles deviennent cotonneuses et perdent leurs qualités. C'est un mets très-délicat et très-recherché.

Champignon. — Les champignons, en général, sont délicieux; mais à part le champignon de couche qu'on peut manger en toute assurance et en toute saison, il faut bien s'assurer de leur identité, si l'on ne veut risquer de s'empoisonner. Parmi les champignons sauvages, nous recommandons le *ceps* et le *preuvet (agaricus piperatus Burgundiæ)* dont nous avons donné la description dans notre petite brochure : *Culture des champignons de couche et de bois, et de la truffe,* etc.

Chervis ou *Chirouis.* — Plante dans le genre de la scorsonère, dont on mange la racine ; très-médiocre et généralement abandonnée.

Chicorée. — Il y a un grand nombre de variétés de chicorées. Les meilleures sont : la *frisée fine d'Italie* ou *d'été*, la *frisée de Picpus* et la *fine de Rouen*.

La chicorée *frisée de Meaux* est médiocre ; la *chicorée mousse* mauvaise, et la chicorée *toujours blanche* une mystification. Les autres variétés sont plus ou moins inférieures.

Chicorée scarole ou *Escarole*. — Trois variétés : *verte* ou *ronde*, *blonde* ou à *feuille de laitue*, et *en cornet*. La scarole est une salade très-médiocre ; elle n'a d'autre qualité que d'être agréable à l'œil et de se conserver facilement pendant l'hiver ; à la bouche elle est complétement insipide.

Pour en faire une salade passable, il faut lui associer le céleri à côte et la moutarde.

Chicorée sauvage. Barbe de capucin. — Mauvaise salade, très-indigeste et ne convenant qu'à certains tempéraments. Ne se sert pas sur une bonne table.

Les amateurs de chicorée sauvage et les personnes qui ne peuvent s'en passer devront la semer en août. En septembre et octobre on coupe les jeunes feuilles qu'on mange en salade avec une pointe d'ail. Au printemps, de bonne heure, la plante repousse et l'on coupe les feuilles fréquemment jusqu'à la fin du mois de mai. Il ne faut pas attendre qu'elles soient longues, autrement elles seraient dures et amères.

Pour l'hiver, alors, il faudra recourir à la barbe de capucin.

Au printemps, on butte la chicorée en pleine terre, et on récolte les feuilles quand elles sont blanches, soit en les coupant, soit en arrachant la plante tout entière. A la même époque on fait des semis pour remplacer ceux qui sont épuisés ou détruits, afin de ne pas en être dépourvu.

Chou. — Les choux se divisent en deux classes : les choux pommés et les choux verts ou sans pomme.

Les choux, en général, sont de digestion difficile ; mais, à la campagne, ceux qui les aiment et qui les digèrent bien, trouvent là une précieuse ressource.

Les meilleurs choux pommés sont : pour les hâtifs, le chou d'York, le cœur de bœuf et le choux de Schweinfurth ; et pour les tardifs : le chou de Saint-Denis, le Milan des Vertus, le Milan de Norvége.

Le meilleur des choux verts est le chou frisé fraise de veau.

Le chou de Bruxelles est un Milan. Comme tous les Milans il a un goût de musc qui déplaît à un grand nombre de personnes.

Chou-Rave. — Il y en a quatre variétés. Nous ne comprenons pas l'utilité de cette plante qui ne vaut ni le chou, ni le navet, ni la rave. Il est tout au plus bon à mettre dans le pot-au-feu, pour ceux qui l'aiment : c'est, du reste, un aliment aussi grossier qu'il est coriace, venteux et peu nutritif.

Chou-Navet. — Même observation que pour le chou-rave.

Chou-Fleur. — Plante passable. Il a ses amateurs. Il y a plusieurs variétés ; les plus estimées sont : le demi-dur et le chou Lenormand.

On confond souvent le chou-fleur avec le brocolis.

Chou marin ou *Crambé.* — Excellent légume qui mérite d'être cultivé partout. Le crambé est vivace, on n'en jouit qu'à la troisième année ; il donne ensuite trois récoltes par an, et cela pendant huit ou dix ans.

On plante le crambé dans un sol léger et sain, à la distance de 70 centimètres en tous sens. On enlève toutes les feuilles mortes à l'automne, puis on couvre la souche avec une calotte de paille, de litière ou de grand fumier, pour éviter l'effet des gelées qui, dans certaines localités froides, lui font du tort. A la troisième pousse, on fait étioler les feuilles du crambé soit sous des pots, soit sous des robes de paille qu'on fixe à un pieu, soit de toute autre manière, et on les coupe aussitôt qu'elles ont 25 centimètres de long.

Le crambé se multiplie de graine et d'éclats ou d'œilletons qu'on plante au printemps.

Ciboule. — Plante d'assaisonnement. Il y a

trois variétés qui ont les mêmes qualités. La ciboule vivace a l'avantage d'exiger moins de soins que les deux autres. On la cultive en ligne ou en bordures, et de cette façon, on ne s'en occupe que pour diviser les touffes quand elles sont devenues trop fortes.

Ciboulette, Civette ou *Appétit.* — Bonne petite plante dont les feuilles sont un excellent condiment.

Claytone de Cuba. — Plante qu'on a proposée pour suppléer l'oseille et l'épinard. Mauvais légume. A supprimer.

Cochléria, Cran ou *Moutarde des Allemands.* — Plante condimentaire qui devrait être cultivée partout pour ses qualités médicinales ; râpée et assaisonnée de sel, de poivre et de vinaigre, elle est préférable à la plupart des moutardes qu'on vend fort cher et qui n'ont aucune des propriétés du cochléaria. Toutefois, nous devons excepter la moutarde de Dijon, qui est la première moutarde du monde.

Concombre-Cornichon. — Il y a dix ou douze variétés de concombre ou de cornichon. Les plus propres à la production des cornichons sont le *vert long anglais*, le *vert petit* et le *vert long ordinaire.* — Les meilleurs pour faire les concombres sont le *concombre blanc, long* et le *gros blanc de Bonneuil.* Il y a aussi le *cornichon-serpent*, que certains amateurs excentriques font confire en raison de sa forme singulière ; mais c'est le plus mauvais de tous pour manger.

Il y a encore le *concombre gloire d'Arny*, vert tout lisse, qui est une variété qu'on dit être très-propre à la culture forcée. Nous ne l'avons jamais cultivé.

On confit le cornichon, comme l'on sait, dans le vinaigre. Les grands amateurs, pendant la bonne saison, se bornent à le préparer comme il suit :

Ils le cueillent gros comme le pouce, mettent du sel dessus et le laissent jeter un peu d'eau ; le lendemain, ils le placent dans un pot avec du vinaigre, du sel, poivre en grain, estragon, etc. Quarante-huit heures après ils commencent à le manger. Il est alors exquis et conserve toute sa saveur de concombre.

Courge. — Les courges sont généralement bonnes ; mais les meilleures sont : la *courge de l'Ohio*, la *courge sucrière du Brésil* et la *courge à la moelle* qui se mange comme le chou-fleur.

Nous cultivons, depuis quelques années, une sous-variété de la courge de l'*Ohio* à goût de gaude, dont nous sommes très-satisfait.

Nous avons remarqué que la plupart des personnes qui mangent de la courge ne savent pas l'accommoder. Voici comment on doit la préparer :

Coupez en dés de deux centimètres carrés,

faites cuire dans de l'eau, passez à l'étamine, ajoutez du lait, un peu de semoule, du beurre, du sucre et servez.

C'est à tort que l'on ajoute le pain et que l'on supprime le sucre; car on fait, alors, d'une bonne soupe un mauvais mets qui est indigeste.

La culture de la courge devrait être beaucoup plus étendue qu'elle ne l'est. Elle est facile et très-profitable; car avec quelques pieds une famille peut se procurer des potages pour tout l'hiver.

On conserve la courge au sec, à l'abri de la gelée. Mais, malgré toutes les précautions, il n'est guère possible de la conserver au delà du mois de mars.

Cresson. — On connaît quatre variétés de cresson : le *cresson alénois*, le *cresson de fontaine*, le *cresson vivace* ou *de jardin* et le *cresson de Para*.

Le *cresson alénois* est une détestable fourniture de salade; mais il y a des personnes qui l'aiment. Ne le disputons pas.

Le *cresson de fontaine* est une plante excellente qui peut se manger avec tous les rôtis. Pour cela on la sert soit en garniture soit séparément. — Quand on la sert à part on doit l'avoir assaisonnée de sel, de poivre et de vinaigre.

Le *cresson vivace de jardin* est une plante impossible, dure, amère, piquante. Il est probable que ceux qui l'ont prônée n'en ont jamais goûté.

Le *cresson de Para* est une plante mauvaise ou tout au moins médiocre qui ne trouvera jamais sa place sur une table.

Échalote. — Il y a trois variétés d'échalotes : l'*échalote ordinaire*, l'*échalote de Jersey*, l'*échalote de Russie*.

L'*échalote ordinaire* est la meilleure des trois. Celle de Jersey a une saveur d'oignon qui déplaît aux amateurs d'échalote. Celle de Russie n'est pas plus appréciée. Tenons-nous-en donc à l'échalote ordinaire : c'est la plus productive, et la meilleure, bien que, cependant, dans quelques sols, l'échalote de Jersey produise beaucoup.

Epinard. — On distingue cinq variétés d'épinards : l'*épinard commun*, le *rond de Hollande*, l'*épinard de Flandre*, l'*épinard piquant d'Angleterre* et l'*épinard d'Esquermès.*

L'*épinard commun* est le meilleur, mais il produit peu et ne résiste pas à tous les hivers. Il faut donc faire les semis doubles, c'est-à-dire semer et de l'*épinard commun* et de l'*épinard de Flandre* qui produit beaucoup et résiste mieux aux froids.

L'*épinard d'Esquermes* est également très-rustique et très-productif; de même que l'épinard de Flandre, il produit le double de l'épinard commun.

Fève. — Ce légume, qui comprend plusieurs variétés, est très-grossier et indigeste. Il est tout au plus propre à figurer dans la cuisine des fermes, et encore.

Fraisier. — Le fruit du fraisier est excellent et recherché. Le fraisier est d'une culture facile et produit abondamment. Nous n'essayerons pas d'en parler ici même d'une manière abrégée, car cela demanderait plus d'espace que nous ne pouvons en donner. Nous renvoyons donc le lecteur à un ouvrage spécial. (Voir *les Asperges*, *les Fraises*, etc.)

Haricot. —Le haricot est un précieux légume, quoique possédant assez peu de qualités ; mais il a ses amateurs et ses détracteurs. Nous sommes des derniers. Le haricot est précieux, parce que ses graines se conservent facilement et qu'elles offrent une ressource en hiver ; mais il faut avoir un estomac à toute épreuve pour consommer ce légume sec. A l'état frais, ses cosses sont un détestable manger, vanté par les uns, toléré par ceux-ci, et rejeté par les autres. Les graines fraîches seules peuvent offrir un aliment passable, mais dont il ne faut pas abuser. En général, c'est un mets dangereux et peu estimé, si ce n'est de quelques amateurs, nous dirions presque fanatiques, qui ne les trouvent bons que parce qu'ils l'ont entendu dire.

Le haricot compte de nombreuses variétés. Voici celles qui sont le plus estimées :

En vert : à Paris, le *flageolet ;* c'est, selon nous, le plus détestable. Le seul bon est le haricot *sabre.* Vient ensuite la *princesse friolet ;* le *coco* est excellent aussi ; puis le *suisse gris.*

En vert cosses pleines : le *coco,* le *beurre blanc.*

En sec : le haricot *riz,* le *perle,* le *prague rouge* ou *coco* et le *prague marbré* sont excellents. Le haricot *comtesse de Chambord* vient en dernier lieu ; mais ce haricot est extrêmement productif et doit occuper une place dans les ménages où l'on fait une grande consommation de ce légume.

La culture du haricot est facile ; mais il y a des variétés qui s'accommodent plus ou moins du climat, c'est-à-dire qui résistent plus ou moins au froid : c'est à l'amateur à voir laquelle réussit le mieux chez lui.

Laitue. — Il y a un grand nombre de variétés de laitues. Quant à nous, il y a longtemps que nous avons fait notre choix ; nous ne cultivons que la *laitue paresseuse,* dite *laitue brune paresseuse.*

Nous la cultivons comme laitue d'été et comme laitue d'hiver. Cependant nous devons dire que la laitue *palatine* mérite l'attention des amateurs.

La *laitue paresseuse* mérite la préférence :

1° Parce qu'elle est d'hiver et d'été;

2° Parce qu'elle est d'excellente qualité;

3° Parce qu'elle conserve très-longtemps sa pomme sans monter;

4° Parce qu'elle est l'une des plus productives;

5° Parce que même comme laitue à cuire elle est encore supérieure à toutes les autres.

Semée très-tard à l'automne, et repiquée au printemps en pleine terre, elle est bonne à manger huit ou dix jours avant la romaine verte maraîchère traitée de la même manière.

Nous recommandons la culture de cette laitue dont nulle autre n'approche; mais nous recommandons aussi de faire un bon choix de la graine; car il est très-rare de l'avoir pure : la plupart des laitues brunes paresseuses que nous avons vues sont ou abâtardies ou mélangées. Avec des soins, en quelques années, on parvient aisément à la ramener au type primitif.

En fait de légumes nouveaux, on ne saurait trop se méfier. L'enthousiasme des jeunes écrivains pour tout ce qui semble nouveau, la spéculation effrontée, nous vantent des plantes sans valeur aucune. C'est ainsi qu'on a beaucoup parlé de la *laitue Bossin* qui devait peser six livres. Cette laitue n'était qu'un canard, c'est-à-dire une batavia dégénérée qui n'est propre qu'à l'alimentation des porcs. Et c'est avec cela qu'on a défrayé les colonnes de maints journaux, pendant une année tout entière.

Défiez-vous donc de ces horticulteurs de cabinet qui font de l'enthousiasme à propos de tout et de rien; de ces charlatans de bonne foi qui se trompent en trompant les autres. Que ne font-ils pas? Que n'ont-ils pas fait? Ils font des listes de bonnes et de mauvaises plantes qu'ils ne connaissent pas, comme on fait une carte de restaurant. Ils trouvent tout bon, depuis les racines de haricots jusqu'aux radis à queue de rat; depuis la laitue Bossin jusqu'aux plus détestables fraises.

Laitue romaine ou *Chicon.* — Ici encore, nous avons plusieurs variétés. Voici les seules méritantes : *romaine verte maraîchère, romaine blonde* et *romaine à feuilles d'artichaut.* Les deux premières seules sont délicates ; quant à la *romaine à feuilles d'artichaut,* elle ne convient que dans les terres sèches où les deux autres montent sans pommer; partout ailleurs, elle n'a pas de raison d'être, car elle est assez souvent ou amère ou insipide, selon les sols, la température et l'âge.

Il y a une quatrième variété qui semble un hybride de la romaine et de la laitue : c'est la *laitue chicon pomme en terre*. Cette petite salade a plusieurs avantages. Elle est d'hiver et d'été, elle est plus hâtive que la romaine verte ; elle tient sa pomme aussi longtemps que la laitue paresseuse, au printemps surtout. Elle est très-tendre, croquante et pomme seule. Tout ce qu'on pourrait lui reprocher, ce serait peut-être de ne pas être assez sapide (elle manque un peu de saveur), et de ne pas blanchir jusqu'au bout des feuilles. Quoi qu'il en soit, cette romaine est une bonne nouveauté.

La laitue chicon pomme en terre est de petite taille : elle vient grosse comme le poing, et cependant elle est très-pesante (4 à 700 gr.). En la plantant très-dru, elle rend en poids tout autant que les autres.

Depuis 1860, nous la cultivons et nous en sommes très-satisfait. Elle est plus robuste que les autres salades, car, jamais, nous ne l'avons vue ni rouiller ni fondre, depuis sept ans. C'est une petite plante bourgeoise qui fera son chemin peu à peu, quand on la connaîtra et qu'on se déshabituera des grosses salades monstrueuses.

Mâche. — Il y a trois ou quatre variétés de mâche ; elles sont toutes bonnes. Quoique telles ou telles s'accommodent mieux de certains sols, on peut les cultiver indistinctement, sauf à s'arrêter à celle qui conviendra le mieux au goût et au climat.

La mâche est une bonne salade d'hiver, surtout alliée au céleri. Elle se consomme à partir du mois de novembre jusqu'au mois de mars. Plus tôt, elle est médiocre ; plus tard, elle est mauvaise.

Melon. — On connaît un grand nombre de variétés de melons. Les plus estimés sont les cantaloups ou melons à petites côtes. Les melons proprement dits sont lisses.

Parmi les cantaloups, on estime, surtout, le *Prescot à fond blanc*, pour culture hâtive ou pour forcer, et la *boule de Siam*, ainsi que le *noir des Carmes*.

L'*Arkangel* est bon, mais il est sujet à se fendre.

Ce sont également les meilleurs à cultiver sur couche.

Parmi les melons brodés ou sans côtes, on distingue les *sucrins* et l'*ananas d'Amérique* ; mais ils n'ont ni le parfum ni les qualités des cantaloups. Ils n'ont d'autre avantage que d'être plus faciles à cultiver.

Navet. — Il y a une quantité innombrable de variétés de navets. La meilleure ne vaut rien ou à peu près. Le navet est un légume venteux, indigeste et peu nutritif qui ne convient guère que comme *distraction* des mâchoires ; car s'il n'est accompagné de quelque viande solide, il n'a d'autre vertu que d'aider à faire manger du pain.

Par respect pour les amateurs de navets, car il y en a, nous leur indiquerons la culture du navet *boule d'or jaune*, navet rond, de bon goût, et le navet *d'Orret*, navet long, supérieur encore au précédent. Quant à tous les autres, nous conseillons de les cultiver comme plantes fourragères pour les brebis et les vaches auxquelles ils donnent beaucoup de lait.

Le navet seul peut être un plat agréable pour les amateurs ; mais il n'est vraiment supportable qu'avec un canard domestique dont il masque le mauvais goût.

Les cuisiniers nouveaux qui ne brillent ni par le talent ni par les innovations, soit dit sans méchanceté, ont inventé le navet aux pommes de terre ; cela nous rappelle la *carpe aux pommes de terre*. Que Dieu vous préserve de telles cuisines et de tels cuisiniers !...

Oignon. — Il n'y a rien à dire de l'oignon : c'est un mal nécessaire. Usez-en, mais n'en abusez pas. Il y a des gens qui mangent de l'oignon, *des fricassées* d'oignon ; il y en a bien qui mangent des nids d'hirondelles et des araignées. Laissez faire, mais ne les imitez pas.

Oseille. — Il y a quatre ou cinq variétés d'oseille ; la préférable est, sans contredit, celle à feuille large, parce qu'elle se cueille et se nettoie plus facilement.

Certains innovateurs nous ont proposé, il y a quelques années, l'*oseille-épinard*, vulgairement *langue de bœuf*, et nous l'ont vantée comme une nouveauté, bien qu'elle remonte à des siècles et que la culture en ait été abandonnée il y a longtemps. Défiez-vous de ces cerveaux malades, de ces docteurs ès nouveautés qu'on rencontre par-ci par-là, et fuyez-les comme la peste ; ils vous feraient volontiers manger des feuilles de vigne, des bourgeons de sapin : ils trouvent tout bon. Ces gens-là dégustent comme des Iroquois.

Panais. — Peuh !

Patate (voir Batate).

Persil. — Cinq ou six variétés. La meilleure est la variété naine frisée, parce qu'elle ne saurait être confondue avec la ciguë. Elle n'a pas plus de qualité que le persil ordinaire ; la différence que nous venons de signaler est la seule qui la rende recommandable.

Picridie. — Ne goûtez jamais à cela.

Piment. — Sept ou huit variétés, sans compter le *piment enragé*. — Laissez cela aux Anglais.

Pimprenelle. — Excellent légume pour les moutons et les chèvres.

Pissenlit. — *Dent de lion.* — La meilleure des

salades printanières. Semez au mois d'avril si vous voulez de gros plants, ou au mois de juillet si vous les voulez petits ; arrosez jusqu'à ce que la plante ait trois bonnes feuilles. Recouvrez de terre ou de terreau fin janvier ou vers les premiers jours de février, et vous aurez une excellente salade, parfaitement blanche, du 1er au 15 mars. Passé le 15 avril, le pissenlit devient dur, amer et fleurit. Dans cet état il n'est plus mangeable.

Poireau. — Quatre variétés. Que Dieu nous préserve d'une cinquième ; qu'en ferions-nous ?

Poirée ou *Bette*. — Si vous n'avez jamais goûté à ce légume, n'y touchez pas.

Pois. — Un grand nombre de personnes aiment les pois : mais quels pois ? Combien de variétés ? On les compte par vingt, trente, quarante, mais il faut s'entendre avant de faire un choix. Il y a les pois hâtifs, les pois moyens, les pois tardifs.

Comme pois hâtif, cultivez le *michaux de Hollande* ou le *michaux ordinaire* dit de Paris, le pois *nain ridé Eugénie*, et le *nain hâtif* pour le châssis.

Comme pois de moyenne saison ou à demi-rame, cultivez le pois *d'Auvergne*, et comme pois tardif le *knight* ou *pois ridé*, il y en a deux variétés, l'une blanche, l'autre verte.

Le pois est un excellent légume, mais à la condition qu'il soit parfaitement cuit. Mal cuit, il peut occasionner des indigestions, des coliques et des diarrhées. Le pois mange-tout est moins dangereux, parce que les cosses sont plus digestives et moins venteuses que les graines.

Le pois sec est un mauvais légume, il est plus dangereux encore que le pois vert écossé; on fera bien de s'en abstenir.

Pomme de terre. — Il y a un grand nombre de variétés; mais quelques-unes seulement sont recommandables pour la table et comme produit.

Comme pomme de terre hâtive, il faut s'en tenir à la *quarantaine* et à la *naine hâtive ronde ;* comme moyenne, à la *marjolin*, à la *truffe d'août :* comme tardive, à la *jaune de Hollande* et à la grosse *jaune ronde*, l'une des plus anciennes pommes de terre, que nous ne voyons pas classée quoique très-répandue.

On devra toujours planter quelques pieds de quarantaine et de naine hâtive dans le jardin, à bonne exposition, pour avoir des tubercules de bonne heure.

Si on veut forcer la pomme de terre sous châssis, on devra cultiver la quarantaine comme plus hâtive.

Il ne faut pas perdre de vue que chaque variété a sa saison pour être mangée. Passé ce temps elle perd ses qualités et devient même mauvaise. Ainsi on mangera la *quarantaine* et la *naine hâtive* (du centre au nord de la France, au midi un mois plus tôt), en juin, juillet, août et septembre ; la *marjolin* et la *truffe d'août*, en août, septembre et octobre ; la *hollande*, en octobre, novembre et décembre ; la *grosse jaune ronde*, en décembre, janvier, février, mars et avril.

Potiron (voir Courge.)

Pourpier. — Ne semez jamais de cela et mangez-en encore moins.

Radis. — Le radis est indispensable, non comme aliment, mais comme ornement des tables ; il n'en faut jamais manquer ni manger démesurément. Le petit radis rose est le meilleur ; malheureusement on ne peut l'avoir bon pendant l'été et pendant l'hiver ; de là la nécessité de recourir aux diverses variétés. Voici celles que nous avons adoptées pour nous. Nous faisons nos semis pour consommer, savoir : en avril, mai et juin, le petit *radis rose, rond ordinaire*, le *rond écarlate*, le *violet rond*.

En juin, juillet et août, le *radis jaune*, le *radis gris d'été*, le gros *radis violet d'été de Chine*.

En septembre et octobre reviennent les *radis rond, rose hâtif*, l'*écarlate* et le *demi-long*.

En octobre et tout l'hiver, le *radis rose d'hiver de Chine*, et ensuite le *radis noir*.

Il faut s'en tenir à ces variétés.

Vous avez dû entendre parler, sans doute, du

fameux *radis à queue de rat* dont on mange les siliques. Tenez-vous pour dit que ce radis est une mystification.

Raiponce. — La raiponce ne saurait passer pour une salade excellente ; cependant elle fait grand plaisir, après l'hiver. Il est bon d'en avoir une planche ou deux.

Rave (radis long). La rave ne vaut pas le radis ; nous avons renoncé à sa culture.

Rhubarbe. — Cinq ou six variétés. On mange les feuilles en épinards et on fait avec ses côtes des tartes qui ont beaucoup d'analogie avec celles en pomme. Cela nous semble ne pas valoir la réputation qu'on lui a faite en Angleterre. Si les Anglais le trouvent bon, qu'ils en mangent, rien de mieux ; quant à nous, nous ne recommandons cette plante qu'à titre de renseignement et pour son feuillage ornemental (il y a des feuilles qui atteignent 85 centimètres de long et 60 de large).

Rutabaga. — Plante potagère de grande culture, bonne pour les vaches, auxquelles elle donne de bon lait, et aux lapins, qui s'en accommodent assez bien. Nous aimons à croire que c'est par erreur que quelques auteurs ont classé cette plante au nombre des plantes potagères : c'est le pendant du chou-rave et du chou-navet.

Salsifis. — Deux variétés, l'une blanche, l'autre noire (scorsonère). Plante détestable dont quelques personnes mangent la racine. Laissons-les faire, mais ne les imitons pas.

Tétragone ou *Épinard de la Nouvelle-Zélande*, véritable graine de niais et aliment idem.

Tomate. — Huit ou dix variétés. La meilleure est la *grosse rouge tardive*. Le fruit de cette plante a quelques amateurs ; malgré tout, il n'est que médiocre, car il communique à toutes les viandes, à toutes les sauces auxquelles on l'associe une saveur d'aigreur qui ne peut plaire qu'exceptionnellement. Pour relever les viandes et les sauces, mieux valent le verjus, le vin blanc ou le citron. Cependant nous devons avouer qu'une sauce tomate bien réussie est bonne une fois par an, mais pas plus.

Topinambour. — Nous nous sommes toujours demandé et nous nous demandons encore ce que l'on peut faire de cela.

LES MEILLEURS FRUITS.

Nous allons faire pour les fruits ce que nous avons fait pour les légumes, c'est-à-dire tâcher de distinguer les bons d'avec les mauvais. Les pommiers, les poiriers comptent des variétés très-nombreuses et l'amateur est souvent fort embarrassé pour faire un bon choix. En l'absence de renseignements, il plante au hasard ou s'en rapporte à la recommandation d'un auteur qui a vieilli ou d'un catalogue fait suivant les besoins du pépiniériste et non suivant ceux du planteur; aussi allons-nous essayer de le tirer d'embarras, en lui indiquant le choix qu'il doit faire. Pour cela encore, nous suivrons l'ordre alphabétique comme pour les légumes.

Abricotier. — Il y a dix-huit à vingt variétés d'abricotier dont les fruits diffèrent peu comme qualité. Comme produit il n'en est pas de même. Le plus productif est l'*abricotier commun*. Les meilleurs pour manger à la main sont l'*abricotier de Versailles*, *l'abricotier-pêche* et *l'abricotier royal*.

Il est bon de cultiver ces quatre variétés ; car comme elles ne fleurissent pas en même temps, on a la chance que si la floraison est contrariée pour l'une, l'autre pourra réussir.

Amandier. — L'amande est un fruit sans valeur.

Cerisier. — Il y a un grand nombre de cerisiers; les amateurs devront, pour en avoir longtemps, planter des variétés hâtives, moyennes et tardives, tant pour prolonger la durée de la jouissance de ce fruit que pour en assurer la récolte. Voici les plus recommandables :

Pour les hâtives, *royale d'Angleterre hâtive*, *guigne précoce*. Pour moyennes : *bigarreau Napo-*

léon, *bigarreau noir, impératrice Eugénie, reine Hortense.* Pour tardives : *guigne Agathe* et *royale d'Angleterre tardive* ; enfin, pour ratafia, l'une ou l'autre des trois variétés : *griotte Acher, griotte du nord* ou *griotte noire.*

Pour la fabrication du kirsch, on cultive des variétés spéciales. Les grosses cerises ne conviennent nullement pour cet usage. A Luxeuil et dans les Vosges, on cultive le merisier.

Coignassier. — Le fruit du coignassier n'est propre qu'à faire de la confiture assez médiocre, mais la gelée de coings plaît à beaucoup de personnes. Du reste, on l'emploie le plus souvent comme médicament. On fait aussi une liqueur de ménage connue sous le nom de *ratafia de coing* ou *eau de coing.*

Il n'y a que trois variétés de coignassier. L'une ou l'autre se valent ; cependant on fera bien, si l'on plante trois coignassiers, d'en planter un de chaque variété : *Coignassier d'Angers, commun* et *du Portugal.* Ce dernier donne des fruits peu aromatiques.

Figuier. — Il y a un grand nombre de variétés de figuier ; mais il n'y en a que quelques-unes seulement qui mûrissent au nord et au centre de la France. La meilleure de toutes pour manger fraîche est *la figue blanche* ou *jaune d'Argenteuil.* C'est ce figuier dont le fruit alimente le **marché de Paris, pendant la saison.**

On cultive également, à Argenteuil, le figuier à fruit violet; mais la figue est moins estimée, quoique plus belle.

La figue blanche d'Argenteuil est excellente; c'est la meilleure de toutes celles qui sont cultivées, même au midi de la France.

La culture du figuier est assez difficile. Pour la bien comprendre, il faut recourir à un ouvrage spécial (voir *les Asperges, les Fraises et les Figues*, 1 vol. 1 fr. 50).

Framboisier. — Il y a vingt ou trente variétés de framboisier, dont quelques-unes sont remontantes et fournissent des fruits pendant toute la bonne saison et jusqu'aux gelées. Les framboisiers non remontants donnent une grande quantité de fruits d'un seul coup; tandis que ceux qui remontent en donnent moins à la fois, mais pendant plus de cinq mois, ce qui offre de grandes facilités aux ménagères.

La framboise s'emploie seule ou pour parfumer les confitures de groseilles, etc. Il est bon d'en avoir toujours à sa disposition. Le framboisier, du reste, n'exige pas beaucoup de soin, et il s'accommode du moindre coin de terre où aucun arbre ne pourrait prospérer.

Bien qu'il y ait un choix à faire dans les framboisiers dont les fruits sont destinés à être servis en nature sur les tables, il est bon d'avoir de plusieurs variétés de diverses couleurs, afin de donner à ce dessert un peu plus d'attrait.

Groseilliers. — Le groseillier comprend un grand nombre de variétés. Il y a les *groseilliers à grappe blanche* ou *rouge*, le *groseillier cassis, noir* ou *jaune*, le *groseillier sans pepins*, et le *groseillier épineux* ou *à maquereau*.

Le groseillier est d'une culture facile; on doit choisir les variétés selon l'usage que l'on veut faire des fruits, qui s'emploient de différentes' manières.

Pour manger à la main, on doit choisir de préférence le *groseillier à fruit blanc*, le *groseillier-cerise*, la *hâtive de Bertin* et les *groseilliers épineux*.

Pour faire de la gelée, toutes les variétés sont bonnes; on ne doit s'attacher qu'à celles qui produisent le plus, telles que le groseillier à fruit *blanc, rouge, rosé*, de *Hollande blanche*, la *fertile de Paluau*, etc.

Pour la confiture dite de Bar (dans laquelle les grappes et les grains sont entiers), il faut cultiver le groseillier sans pepins.

Pour la liqueur de cassis, il faut choisir le cassis qui correspond à la couleur que l'on désire.

Il y a des maisons qui emploient la groseille à relever les sauces, on se sert pour cela du fruit du groseillier épineux ou à maquereau, pratique qui a lieu, surtout, dans la cuisine anglaise, où on emploie le jus de groseille de préférence au jus de citron pour aciduler la sauce du maquereau. De là lui est venu le nom de groseillier à maquereau.

Les Anglais ont perfectionné surtout cette groseille dont ils font une grande consommation. Il y a quelques variétés dont les fruits atteignent la dimension d'un œuf de poulette.

Néflier. — Trois variétés : *néflier ordinaire, néflier de Hollande* et *néflier à gros fruits;* fruit médiocre, astringent comme le coing. Cependant il a des amateurs.

Noisetier. — Huit ou dix variétés. Toutes sont bonnes ; mais les plus beaux fruits sont ceux des variétés dites de *Provence,* d'*Espagne, Downton.*

Noyer. — Quatre ou cinq variétés ; mauvais fruit à l'état sec ; frais, on en fait des cerneaux qui plaisent généralement.

Peu de personnes connaissent la manière de préparer les cerneaux ; nous croyons faire plaisir à nos lecteurs en la leur faisant connaître.

Prenez des noix à moitié mûres, mais pleines (si les amandes ne sont pas fermes, il faut attendre), ouvrez-les, extrayez-en avec un couteau tout l'intérieur sans en séparer les parties qui ne sont pas bonnes à manger, et jetez-les **dans de l'eau fraîche où vous les laisserez quelques instants pour les empêcher de noircir.**

D'autre part, préparez une sauce avec eau, sel, poivre, échalote et ail ; ajoutez du verjus pour aciduler suffisamment (à défaut de verjus, servez-vous de vinaigre ou de jus de citron). Laissez mariner une demi-heure et servez.

Les cerneaux forment un entremets très-estimé des amateurs, qui y trouvent le moyen d'aiguiser leur appétit et une distraction très-agréable.

Pêcher. — Il y a un grand nombre de variétés de pêcher. Pour réunir toutes les qualités dans une plantation il faut en cultiver une quinzaine seulement ; on en aura ainsi de hâtives, de tardives, les unes à gros et à très-gros fruits ; de bonnes et très-bonnes, de fertiles et de très-fertiles. En voici la désignation par ordre alphabétique avec l'époque de leur maturité :

Belle Bausse, mi-septembre.
Belle de Doué, mi-août.
Belle de Vitry, commencement de **septembre**.
Brugnon Standwick, fin septembre.
Brugnon violet musqué, septembre.
Brugnon violet hâtif, août-septembre.
Brugnon violet petit, mi-août.
Cardinale, septembre-octobre.
Chevreuse hâtive, commencement de sept.
Chevreuse tardive, septembre-octobre.
Clémence Isaure, fin septembre.

Grosse mignonne, fin août.
Grosse mignonne hâtive, mi-août.
Pourprée hâtive, août.
Reine des vergers, mi-septembre.
Willermoz, août-septembre.

Plusieurs pépiniéristes recommandent la forme oblique, comme très-facile et produisant beaucoup : c'est une erreur dont il faut se défier ; la forme la plus commode et la plus productive est celle en U. Quand les terrains sont riches et conviennent aux pêchers, on peut faire des doubles U, des V ouverts, des candélabres, etc., qui sont plus beaux, mais qui demandent plus de soin et ne produisent pas davantage.

POIRIERS.

Le nombre des variétés de poirier est immense ; c'est par huit ou neuf cents qu'on les compte. Quand l'amateur consulte un catalogue de ce genre, il lui est impossible de ne pas s'égarer s'il n'a pas cultivé toutes ces variétés. C'est donc rendre service aux planteurs en leur donnant un choix tout fait pour toutes les circonstances, c'est-à-dire quel que soit le nombre de pieds d'arbres qu'ils aient à planter. C'est ce que nous allons faire. Bien entendu que nous

ne parlons que des fruits de table de première
qualité et de garde; quant aux fruits destinés
aux marchés, il y aurait quelques additions à
faire.

Le travail que nous donnons ici n'est pas de
nous, il appartient en grande partie à M. de
Mortillet [1]; aussi nous renvoyons le lecteur à
son livre pour plus amples renseignements, ne
pouvant donner ici que la liste des variétés qu'il
recommande.

On doit savoir que certaines variétés de poiriers qui donnaient jadis d'excellents fruits n'en
donnent plus que de médiocres et que ces arbres
sont usés. Ainsi le bon-chrétien d'hiver, le
doyenné d'hiver, le Saint-Germain, etc., sont
des arbres rabougris qui ne réussissent plus
qu'en espalier ou en pyramides dans des terrains privilégiés et à certaine exposition; encore leurs fruits sont-ils pierreux, chancreux et
de peu de qualité. De là la nécessité de recher-
cher dans les nouvelles variétés celles qui sont
propres à les remplacer.

Laissons, du reste, la parole à M. de Mortillet:

« Dans un classement bien entendu, toutes
les qualités du fruit doivent être prises en considération, mais à des titres divers.

1. *Les Quarante Poires* pour les dix mois de juillet à mai.
1 vol. avec gravures, chez M. Prudhomme, imprimeur-éditeur à
Grenoble (Isère), 3 fr. 50 en timbres-poste, *franco* par la poste.

Les voici, je crois, classées d'après leur importance relative :

Bonté ;
Fertilité ;
Bonne et longue garde ;
Grosseur et beauté ;
Arbres plus ou moins vigoureux.

Évidemment la bonté intrinsèque du fruit doit passer en première ligne, puisque c'est une condition *sine qua non* d'admission.

La fertilité tient le second rang ; que m'importe, en effet, qu'un fruit soit très-gros et de longue garde, si j'en suis habituellement privé par l'infertilité de l'arbre.

La longue garde doit encore être préférée à la grosseur ; à bonté égale il est plus avantageux de jouir d'un fruit pendant un mois, par exemple, que d'en posséder un plus beau qui passera en huit jours ; enfin vient la grosseur.

J'ai placé en dernière ligne le plus ou le moins de vigueur de l'arbre, parce qu'avec nos moyens de culture, une taille intelligente et le choix judicieux des sujets qui doivent recevoir la greffe, nous pouvons en partie remédier à ces défauts.

C'est en tenant compte de toutes ces qualités d'après leur valeur relative, que je suis arrivé à dresser une liste de quarante fruits qui, selon moi, peuvent tenir lieu de tous les autres.

Quarante fruits! c'est beaucoup, c'est même trop à mon avis : pour atténuer cet inconvénient, et pour guider ceux qui voudraient en planter en moins grand nombre, j'ai divisé les quarante variétés en quatre séries égales de dix : chaque dizaine renferme des fruits de toutes saisons, et porte, en outre, un numéro d'ordre. La première dizaine renferme les fruits les plus parfaits; ceux que j'appellerai les fruits de fondation; ceux que tout propriétaire est tenu d'avoir; ceux qui, à la rigueur, peuvent suffire et tenir lieu de tous les autres. La seconde renferme les fruits qui, dans ma pensée, viennent immédiatement après, et ainsi de suite des autres..

Première série.

1. Beurré Giffard, juillet.
2. Bon-chrétien Williams (Bartlett de Boston, Barnet's, bon-chrétien Barnet, Williams Pear), fin août-commencement septembre.
3. Louise bonne d'Avranches (bonne de Longueval, Louise de Jersey), septembre.
4. Duchesse d'Angoulême (duchesse), octobre-novembre.
5. Beurré Clairgeau, novembre-décembre.

6. Beurré Diel (beurré incomparable, beurré magnifique, beurré des Trois-Tours, beurré royal), novembre-décembre.

7. Beurré d'Hardenpont (beurré d'Aremberg en France, Glou-Marceau), décembre-janvier.

8. Passe-Colmar (Passe-Colmar gris ou doré), décembre-janvier.

9. Doyenné d'hiver (Bergamote de la Pentecôte, Dorothée royale), janvier-avril.

10. Bergamote espéren, hiver jusqu'en mai.

Deuxième série.

1. Épargne (beau présent, cuisse-Madame, Saint-Samson, cueillette), juillet.

2. Beurré Goubault, fin août-septembre.

3. Bonne d'Ézée, septembre.

4. Seigneur (Bergamote fiévée, Bergamote lucrative, fondante d'automne), septembre-octobre.

5. Colmar d'Aremberg, octobre-novembre.

6. Van Mons de Léon Leclerc, novembre.

7. Triomphe de Jodoigne, novembre-décembre.

8. Bonne de Malines (Colmar Nélis, Nélis d'hiver), décembre-janvier.

9. Doyenné d'Alençon (doyenné d'hiver nouveau), janvier-février.

10. Bergamote Fortunée (Fortunée), jusqu'en mai.

Troisième série.

1. Duchesse de Berry d'été, août.
2. Beurré d'Amanlis (Wilhelmine), septembre.
3. Frédéric de Wurtemberg (médaille d'or), septembre-octobre.
4. Beurré d'Apremont (beurré bosc), octobre.
5. Saint-Michel-Archange, octobre.
6. Délices de Louvenjoul (Jules Bivort), octobre-novembre.
7. Epine du Mas (Colmar du Lot, duc de Bordeaux), octobre-novembre.
8. Neo plus Meuris (beurré d'Anjou), novembre.
9. Joséphine de Malines, décembre-janvier.
10. Bon-chrétien de Rance (Beurré de Rance, beurré de Noirchain), février-mars.

Quatrième série.

1. Doyenné de Juillet (Roi Jolimont), juillet.
2. Jalousie de Fontenay (Jalousie de Fontenay-Vendée), septembre.
3. Saint-Nicolas (Beurré Saint-Nicolas, duchesse d'Orléans), septembre-octobre.
4. Beurré Hardy, septembre-octobre.

5. Fondante des Bois (beurré Davy, beurré Spence, beurré de Bourgogne, beurré Saint-Amour, belle de Flandre, beurré Foidart), octobre.

6. Bon-chrétien Napoléon (beurré Napoléon, Liard, Médaille (Captif de Sainte-Hélène), octobre-novembre.

7. Beurré de Luçon (beurré gris d'hiver nouveau), décembre-janvier.

8. Beurré Millet, décembre-janvier.

9. (*A cuire.*) Martin-Sec (Rousselet d'hiver), décembre-janvier.

10. (*A cuire.*) Catillac (Gros-Gilot, gros-monarque, Monstrueuse des Landes, chartreuse), février-mars.

On sera peut-être étonné que je néglige autant les anciennes variétés; c'est que je suis parfaitement convaincu que celles que je propose sont au moins aussi bonnes et infiniment plus profitables. Ce n'est pas que je ne reconnaisse que plusieurs de nos fruits anciens ne soient excellents quand on peut les obtenir sains; mais ces variétés épuisées ne donnent plus que des arbres peu vigoureux, généralement chancreux et atteints de gale, et des fruits tachés, presque toujours véreux ou pierreux. Voici, au reste, les meilleurs par ordre de mérite :

Beurré gris. — Crassane. — Saint-Germain.
— Doyenné gris. — Doyenné blanc. — Bon-
chrétien d'hiver.

Ceux qui voudraient les cultiver et les avoir
sains, devront leur consacrer un espalier au
couchant et les y conduire en palmette ; on
pourra y joindre le vrai beurré d'Aremberg ou
orpheline d'Enghien, excellent fruit que je n'ai
pas admis parce qu'il réclame également l'espalier. »

Nous n'ajouterons rien à cette citation, si ce
n'est d'engager le lecteur à lire l'ouvrage de
M. de Mortillet. Toutefois, comme le doyenné
d'hiver ne réussit plus guère qu'exceptionnellement, nous proposons de le remplacer par le
doyenné d'Alençon qui mûrit en même temps,
et de remplacer celui-ci, soit par *Vauquelin* ou
le *Commissaire Delmotte* ou encore par la *tardive
de Toulouse.*

Il serait à désirer que ces listes fussent adoptées par les planteurs ; ils éprouveraient moins
de déceptions, et les spéculateurs qui cultivent
les fruits en vue du commerce y trouveraient
le moyen de doubler et même de tripler leur
revenu. Sur deux cents variétés de poiriers que
nous cultivons, nous avons reconnu le mérite
des assertions de M. de Mortillet, et nous sommes
heureux de le constater ici.

POMMIERS.

Les pomologistes et un grand nombre d'écrivains ont déclaré que la pomme était préférable à la poire. C'est là une grosse erreur ! La pomme de Calville blanc est sans doute excellente ; mais elle ne saurait être comparée à la plupart des bonnes poires. Elle est au-dessous de toutes les poires qui forment la première série dont nous avons parlé plus haut.

Il est vrai que cette pomme, qu'on a déclarée la reine des fruits à pepins, est belle, de garde, ferme et très-agréablement parfumée. Mais elle n'a pas cette abondance d'eau, cette richesse de parfum, cette chair fondante de la plupart des bonnes poires. Tous les dégustateurs, tous les gastronomes seront de notre avis.

Le nombre des bonnes pommes est bien inférieur à celui des bonnes poires. Voici les variétés auxquelles on peut s'arrêter pour avoir des fruits en abondance et le plus longtemps possible :

Api rose. . .	Maturité,	hiver jusqu'en mai.
Calville blanc.	—	hiver.
De châtaignier.	—	automne et hiver.
De moisson. .	—	juillet et août.

Fenouillet gris Maturité, hiver.
Pomme d'or . — hiver.
Reinette à lon-
gue queue .. — hiver.
—carrée . . — hiver.
— de Canada . — commenc. hiver.
— des Carmes. — hiver.
— dorée . . — commenc. hiver.
— grise d'au-
tomne . . — commenc. hiver.
— grise d'hiv. — hiver.
— Thouin . . — fin hiver.
— tardive . . — hiver et printemps.
Rouge hâtive . — juillet et août.

PRUNIERS.

Le nombre des variétés de pruniers est moins grand que celui des pommiers et poiriers ; l'élimination que nous avons à faire sera donc moindre.

Nous ferons trois séries: l'une comprenant les prunes pour dessert, l'autre celles propres aux confitures, et la troisième celles pour pruneaux.

Dans ce choix nous tiendrons compte, non-seulement de la qualité, mais encore de la fertilité et de la vigueur, en suivant les principes de M. de Mortillet pour le poirier.

1re série. — Prunes pour dessert.

Coes golden drop,
  beau fruit . . Maturité, septembre.
Damas violet . .   —   août.
Mirabelle petite .   —   mi-août.
— tardive . . .   —   sept.-octobre.
Monsieur jaune .   —   mi-août.
Précoce de Tours
  (Madeleine). .   —   fin juillet.
Reine-Claude . .   —   août.
— de Bavay, hâ-
  tive . . . .   —   août.
— diaphane . .   —   fin août.
— violette . . .   —   septembre.
Tardive musquée.   —   fin août et sept.

2me série. — Prunes pour confitures.

Voici les plus estimées :
  Coes golden drop. Très-belles confitures.
  Mirabelle grosse.
      —   petite.
      —   tardive.
Reine-Claude.
      —   de Bavay,
      —   —   hâtive.

3ᵐᵉ série. — Prunes pour pruneaux.

D'Agen	Maturité, août-sept.	
Dame-Aubert, jaune .	—	septembre.
Diaprée violette. .	—	août.
Quetsche d'Allemagne	—	septembre.
— de Dorell .	—	—
— d'Italie . .	—	—
Sainte-Catherine . .	—	—

Nous aurions pu ajouter une quatrième série, les prunes pour compotes ; mais elle serait insignifiante, car presque toutes les prunes propres aux confitures peuvent servir à faire des compotes. Du reste, dans les maisons bourgeoises, on utilise ainsi toutes les prunes quánd on les aime cuites. La consommation de ce dessert n'est pas assez importante pour qu'on fasse des plantations spéciales qui ne différeraient pas beaucoup des divisions ci-dessus.

VIGNES.

Nous n'avons à nous occuper ici que des vignes dont le raisin est destiné à la table ; aussi le choix n'est pas long à faire, bien qu'il y ait au moins soixante à soixante-dix variétés cultivées à cet effet. A moins d'avoir des murs d'une grande étendue, il faut se borner à la culture des variétés suivantes :

Chasselas de Fontainebleau.
Chasselas doré ou de Bar-sur-Aube.
Chasselas violet.
Frankental.
Gamet noir d'Argenteuil.
Meslier blanc.
Meslier noir.
Maurillon hâtif, ou Madeleine noire (mauvais mais hâtif).
Muscat noir hâtif.
Muscat blanc hâtif.
Panse jaune (chasselas Napoléon).
Pineau noir.

Nous avons fait entrer dans cette liste le gamet noir et le pineau noir. En effet, ces deux raisins sont excellents cultivés en treille; nous les assimilons au chasselas, et bon nombre d'amateurs sont comme nous. Quant au meslier noir qui est un raisin nouveau ne datant que de quelques années, il est beau, délicat, parfumé et se conserve très-bien. Il a été obtenu à Argenteuil et n'est guère multiplié que par nous. C'est à peine si l'on pourrait en trouver quelques pieds hors de nos cultures.

Il y a une liste assez longue de vignes à

raisin de table; mais la plupart de ces variétés sont moins bonnes ou mûrissent mal leurs fruits ou sont peu productives. Néanmoins, ceux qui disposent d'un grand espace à bonne exposition pourront se passer la fantaisie de cette culture sur une grande échelle.

DE L'INFLUENCE DU SOL SUR LA QUALITÉ DES LÉGUMES.

On peut diviser le sol en six classes, par rapport à l'influence qu'il exerce sur la qualité des légumes :

1° Sablonneux-calcaire ;
2° Franc-calcaire ;
3° Argilo-calcaire ;
4° Léger-siliceux ;
5° Franc-siliceux ;
6° Argilo-siliceux.

Dans les sols sablonneux-calcaires, les légumes ont besoin de beaucoup d'eau, mais la végétation est active, et avec des soins on obtient d'assez bons légumes ; cependant, les choux, les artichauts, n'y réussissent pas toujours bien.

Les terres franches-calcaires, bien amendées,

sont les meilleures de toutes. On obtient tous
les légumes en quantité et d'excellente qualité ;
ce sol exige moins d'eau que les autres, la végétation y est persistante quoique moins rapide
et moins hâtive que dans les sols légers et sa-
blonneux. Ces terres sont d'un immense produit, elles se prêtent à toutes les cultures ; tout
ce qu'on y récolte est succulent, pourvu qu'on
n'y épargne ni l'eau à temps, ni les engrais.
C'est un trésor, une mine inépuisable.

Les terrains argilo-calcaires ne deviennent
propres à la culture des légumes qu'à force
d'engrais et de culture qui les ameublissent.
Les légumes y ont de la saveur, mais ils sont
durs et manquent d'eau en été et ils deviennent fades et mous quand l'automne est hu-
mide.

Les terres légères-siliceuses sont à peu près
impropres à la culture des légumes, qui ne sont
ni abondants ni de bonne qualité. Cependant on
peut en tirer parti en cultivant des plantes qui
mûrissent avant les chaleurs du mois de juin.
Passé cette époque, il faut renoncer à y planter ou à y semer quelque chose. Après le mois
d'août, la végétation reprend de la vigueur et
on peut les utiliser de nouveau pour les légumes
d'hiver.

Les maraîchers des environs de Paris en
tirent parti en les couvrant de fumier. Le sol

disparaît ; alors, ce n'est plus que du vieux terreau usé qu'on inonde tous les jours d'une prodigieuse quantité d'eau. Ils obtiennent ainsi une masse de légumes ; mais quels légumes !... C'est de l'eau *végétalisée*. Il n'y a que les pommes de terre qui y ont de la qualité. Les arbres y réussissent encore moins que les légumes. A part l'abricotier, tous végètent et meurent après quelques années de plantation, avant même d'avoir donné des fruits.

Les terres franches-siliceuses se rapprochent beaucoup des terres franches-calcaires ; mais elles n'en ont pas l'activité, et les légumes, quoique bons, n'atteignent jamais ce degré de parfum, de finesse, de succulence qu'ils ont dans ces dernières. Néanmoins, c'est un terrain privilégié qu'un amateur doit s'estimer heureux encore de posséder. Les arbres y réussissent assez bien aussi.

Quant aux terres argilo-siliceuses compactes, il faut renoncer à y faire autre chose que des choux et des carottes fourragères si on ne rapporte pas 20 centimètres de vieux terreau de couche qu'on mélange avec 10 centimètres de terre végétale pour faire un fer de bêche, de bon labour.

DÉGÉNÉRESCENCE DES PLANTES POTAGÈRES.

Les végétaux qui se reproduisent de graines dégénèrent de deux manières : par l'*hybridation* ou les croisements, et par la mauvaise culture qui amène l'*atavisme*. Nous allons examiner ces deux points successivement.

L'hybridation ou le croisement modifie les plantes telles que, asperges, salades, choux, melons, etc., quand diverses variétés sont plantées dans le voisinage l'une de l'autre et même à d'assez grandes distances. Tous les végétaux de la même famille sont sujets à ces croisements quand ils fleurissent à la même époque.

Ainsi, si des laitues, des romaines, des melons, des asperges, des concombres, des chicorées, des choux, etc., de variétés diverses entrent en fleur à la même époque, on peut obtenir des mélanges et même des variétés nouvelles. On doit donc éviter cela si l'on veut conserver un type auquel on attache de l'importance.

Quelques personnes pensent qu'il suffit d'envelopper d'une toile claire les plantes en fleurs pour empêcher les insectes d'aller butiner dessus, mélanger les pollens et les préserver ainsi de l'hybridation. Cela ne suffit pas; car le vent l'emporte à de grandes distances et produit ce qu'on voulait éviter. Il est donc indispensable de ne faire tous les ans que la graine d'une seule plante de la même famille.

La mauvaise culture amène ce genre de dégénération auquel les botanistes ont donné le nom d'*atavisme*.

Toutes les plantes potagères étaient sauvages dans l'origine ; c'est à force de soins et par une culture en quelque sorte forcée qu'on est parvenu à les rendre ce qu'elles sont. Il suffit de jeter les yeux sur la carotte, le panais, la chicorée sauvages, etc., pour voir combien ils ont été améliorés par la culture, Or, si on les abandonnait entièrement, ils ne tarderaient pas à revenir à l'état primitif. On voit combien il est utile d'apporter tous les soins possibles à la culture des plantes destinées à la reproduction. Que de personnes s'en rapportent au hasard pour avoir des graines ! aussi n'y a-t-il pas lieu de s'étonner des tristes résultats qu'elles obtiennent.

MOYENS A EMPLOYER POUR AVOIR DE BONNES GRAINES.

Pour avoir de bonnes graines, il faut non-seulement éviter la dégénérescence, mais apporter un grand soin dans le choix des porte-graines, de la graine, et conserver celle-ci dans de bonnes conditions. Pour cela il faut :

1° Cultiver les porte-graines dans un sol qui leur convient ;

2° Réserver parmi eux les plantes les plus belles, qui se rapprochent le plus du type que l'on veut reproduire, et supprimer toutes les autres ;

3° Laisser bien mûrir les graines avant de les récolter, et prendre de préférence celles qui mûrissent les premières et qui sont les plus grosses et les plus belles ;

4° Ne jamais semer de graines de plantes venues sous châssis ou en serre ;

5° Faire un bon triage à la récolte, sur les plantes dont les rameaux sont allongés, comme dans les choux, par exemple. La tige du milieu donne des graines qui mûrissent plutôt, ce sont les meilleures et qui produisent les plus beaux choux ; l'extrémité des branches supérieures fournit la seconde qualité et les branches inférieures la troisième ;

Pour les plantes à cosses, telles que les haricots, les pois, il faut choisir celles du milieu de la cosse et rejeter les autres ; pour les plantes bulbeuses, comme l'ail et l'échalote, prendre de préférence les caïeux de la circonférence et rejeter ceux de l'intérieur ;

6° Quand les graines sont bien sèches, les conserver dans un lieu parfaitement sec, afin d'éviter qu'elles moisissent ou se pourrissent ;

7° Ne récolter des graines que sur des plantes qui ont été repiquées ou transplantées, telles que choux, salades, radis, navets, etc. Pour les autres, telles que haricots, pois, fèves, etc., qui ne se transplantent pas, semer clair les planches destinées à faire des porte-graines, et enlever toutes les plantes faibles ou de mauvais caractère, pour ne laisser produire que celles qui ont celui du type ;

8° Ne pas négliger les arrosages chaque fois que la terre commence à sécher, et surtout au moment de la floraison et pendant le temps de la formation de la graine ;

9° Si la localité semble être peu propre à la conservation des variétés cultivées, changer de graine de temps en temps, en la prenant dans les localités réputées comme la soignant le mieux ; l'étudier avant d'abandonner celle qu'on a chez soi, afin d'être bien sûr de ne pas faire pis. Le changement de graine donne parfois, et dans le cas ci-dessus seulement, de bons résultats et empêche l'abâtardissement des variétés ; mais il ne faut pas en faire un principe absolu.

DE LA FIXATION OU DE L'OBTENTION DES VARIÉTÉS.

Quand le hasard met entre les mains d'un horticulteur une variété nouvelle qui lui semble avoir quelque mérite, rien n'est plus facile que de la fixer et même de l'améliorer. En effet, supposons que vous avez un plant de laitue ou de romaine qui pomme mieux et plus rapidement que ses congénères, qui soit plus gros et de meilleure qualité. Récoltez-en la graine avec les précautions que nous avons indiquées, et semez-la. Vous aurez d'abord un grand nombre de pieds qui seront exactement semblables à l'ancienne variété ; mais il y en aura qui reproduiront plus ou moins exactement la nouvelle. Choisissez dans ceux-ci ceux qui s'en rapprochent le plus ; agissez de même pendant plusieurs années, et vous aurez fixé la variété.

Si vous voulez créer de nouvelles variétés hybrides, plantez à côté l'une de l'autre les deux plantes que vous voulez croiser ; faites qu'elles fleurissent en même temps, et semez les graines qu'elles produiront. Choisissez les jeunes plantes qui vous sembleront être croisées ou hybridées, et agissez comme nous venons de le dire.

CONSERVATION DES LÉGUMES PENDANT L'HIVER.

Il ne suffit pas de produire des fruits et des légumes, il faut encore savoir les conserver l'hiver, au risque de voir sa table complétement dépourvue des mets qui devraient y figurer. Aussi, au risque de faire quelques répétitions, nous allons grouper, par ordre alphabétique, le plus facile pour les recherches, les indications qui concernent la conservation générale des légumes et fruits le plus en usage, tant comme semences et porte-graines que comme aliments.

Pour un grand nombre de personnes du midi de la France, et qui ont des jardiniers experts, un semblable chapitre peut être insignifiant ou inutile; mais nous en connaissons bon nombre, même parmi nos amis, qui le liront avec un certain intérêt. Du reste, c'est l'affaire de quelques minutes pour eux, et pour nous de quelques traits de plume de plus. Économie et gastronomie ne sauraient y perdre. Nous passerons rapidement.

Trois choses sont à observer pour obtenir une bonne conservation des légumes et des fruits :

1° Ne les récolter que lorsqu'ils sont en ma-

turité ou qu'ils ont acquis toute leur croissance ;

2° Les récolter par un beau temps ;

3° Éviter les meurtrissures, l'humidité et la
gelée.

Ail. — Récoltez par un temps sec, jetez sur
le sol et laissez ressuyer pendant quatre ou cinq
jours ; après quoi il faut le lier en poignées et le
pendre au grenier. Quand il est très-sec on le
met dans des caisses, où il se conserve jusqu'à
la récolte nouvelle.

Betterave. — Tout le monde sait que la betterave se conserve dans la cave, après l'avoir
dépouillée de ses feuilles au ras du collet. On
conserve dans des silos les betteraves fourragères.

Batate. — Se conserve comme la pomme de
terre.

Cardon. — A l'époque des gelées on lie les
cardons sans les empailler ; on les butte de
vingt à trente centimètres de hauteur. Quand la
gelée arrive, on les lève en motte et on les replante dans un endroit à l'abri du froid, dans
une couche de sable. On donne de l'air quand
la température est douce, et ils se conservent
ainsi jusqu'au printemps. On peut également
les conserver comme le céleri à côte. (Voir
Céleri.)

Carotte. — Se conserve comme la betterave ;

mais on peut aussi conserver les jeunes carottes semées tardivement, en les recouvrant de trente-cinq centimètres de terre, sans les arracher. On les récolte, alors, au fur et à mesure des besoins ; mais quand arrive le mois de mars elles repoussent et deviennent ligneuses.

Céleri à côtes. — Pour conserver le céleri, on le lie, on l'arrache et on l'enterre aux trois quarts de sa longueur sous un châssis où on le laisse blanchir. — On peut aussi le conserver en pleine terre sans le secours des châssis. Pour cela, il suffit de le planter à bonne exposition, et on jette dessus de la paille courte ou des feuilles qu'on recouvre de paillassons ; de cette manière, même quand il gèle, on peut l'arracher.

Céleri-Rave. — Nous avons indiqué la manière de le conserver plus haut. (Voir *Céleri-Rave,* page 18.)

Cerfeuil. — Semez à bonne exposition et couvrez avec des paillassons pour l'hiver.

Cerfeuil bulbeux. — Se conserve comme les carottes.

Champignons. — Se conservent par la dessiccation, ou par le procédé Appert. (Voir la brochure : *les Champignons et la Truffe.*)

Chicorée. — Il y a plusieurs moyens de la conserver. Le plus simple est de la recouvrir de dix centimètres de paille aussitôt que les

gelées sont à craindre, et on lui donne de l'air
quand il fait beau. Recouverte ainsi, elle se conserve jusqu'au mois de janvier. On peut aussi
la repiquer en motte à bonne exposition, et la
recouvrir de paillassons. Elle passe ainsi une
partie de l'hiver. Enfin, on la repique sous châssis qu'on recouvre de paillassons quand il fait
froid.

Chicorée scarole. — Se conserve comme la chicorée.

Chicorée sauvage ou *Barbe de capucin.* — Il y
a quatre procédés de conservation ou d'é-
tio'ement de la chicorée sauvage, pendant
l'hiver.

1° Fin novembre, on ouvre des tranchées de
quatre-vingts centimètres à un mètre de large,
et de la profondeur d'un fer de bêche. On place
les racines touche à touche et à côté les unes
des autres, en ayant le soin que le collet soit au
niveau du sol. On place des perches qu'on sou-
tient à vingt centimètres de hauteur, et on recouvre le tout de paille pour empêcher la gelée et la lumière. On coupe les feuilles aussitôt
qu'elles atteignent quinze à vingt centimètres
de long.

2° On fait en hiver une couche chaude dans
une cave ou un cellier, on y place des bottes
de chicorée sauvage, debout et l'une près de
l'autre, et on coupe les feuilles quand elles at-

teignent la dimension voulue. Elles repoussent ainsi jusqu'à trois ou quatre fois.

3° On remplit de terre des caisses placées à la cave, et on y plante des racines de chicorée comme pour le premier procédé; ou bien encore on les place par couches dans un tonneau percé de trous, par lesquels les feuilles se font jour. Les couches, alors, sont horizontales, et le tonneau placé debout sur un de ses fonds.

4° On établit dans une cave une couche de terre en talus comme il suit : on fait une couche de terre de dix centimètres d'épaisseur, puis on place un rang de chicorée, de manière que le collet soit au niveau de la paroi extérieure de la couche ; on remet dix centimètres de terre et une couche de chicorée ; ainsi de suite, pour arriver jusqu'à soixante centimètres de hauteur. La chicorée ne tarde pas à pousser, et on récolte les feuilles quand elles sont longues.

Chou. — On conserve le chou pommé en en faisant de la choucroute ou en le mettant en meules, où il passe l'hiver facilement.

Pour faire de la choucroute, on procède comme il suit : Enlevez toutes les feuilles vertes du chou, coupez-le en deux, ôtez les grosses côtes, coupez les feuilles très-fines avec un couteau bien affilé. Prenez un fût neuf, ou qui ait contenu du vin blanc, et que vous aurez bien nettoyé ; mettez une couche de sel, puis un lit de chou de huit centimètres d'épaisseur, puis du sel et un lit de chou, jusqu'à ce que le tonneau soit aux trois quarts plein. Foulez avec un morceau de bois à chaque couche de chou, sans le briser, pour qu'il en tienne le plus possible.

Cela fait, couvrez d'un morceau de toile forte, mettez un couvercle en bois, et chargez d'un poids de cinquante kilos, ou plus, pour que le chou baigne dans le jus.

Il faut en moyenne un kilo de sel pour dix à douze choux.

Aussitôt que la fermentation commence, le chou s'affaisse, le couvercle descend et l'eau surnage. On en enlève une partie, mais sans mettre le couvercle à sec. Après un mois de fabrication, la choucroute commence à être bonne. Alors, on enlève le couvercle et la toile, on prend ce que l'on veut, on lave couvercle et toile, et on les replace. Cela fait, on enlève l'eau de chou qu'on remplace par de l'eau fraîche, et on remet un peu de sel.

La choucroute en fermentation exhale une odeur désagréable, il ne faut pas s'en inquiéter, elle disparaît au lavage.

Pour préparer la choucroute, qui est un mets très-recherché des Allemands, on la lave à plusieurs eaux, on la met dans une casserole avec du lard de poitrine ou du jambon fumé, des saucisses, du cervelas, de la graisse de rôti, ou autre à défaut, et du bouillon. On fait cuire sept heures à feu doux et on sert le tout ensemble.

La choucroute est plus digestive que le chou.

Pour conserver le chou pommé, en nature, on opère ainsi : on couche les chous en rangs circulaires, de manière que les racines se touchent à peine. Le premier rang fait, on place de la terre sur les racines et les tiges, jusqu'aux pommes ; puis on fait un second rang et on remet de la terre. A chaque rang on diminue le diamètre de la meule de manière à former un cône en forme de Λ renversé. Quand les gelées, les neiges arrivent, on recouvre le tas avec des paillassons, ou une botte de paille, arrangée à l'instar des robes qu'on met sur les ruches d'abeilles. De cette façon, les choux se conservent aisément jusqu'en avril, époque à laquelle ils montent et ne sont plus mangeables.

Chou-Rave. — Se conserve comme la betterave.

Chou-Navet. — Se conserve comme la betterave.

Chou-Fleur. — Quand les froids arrivent, on coupe les tiges le plus près du collet de la racine, on retranche les feuilles en laissant dix centimètres de côtes, et on les place sur des planches en lieu sec. Ils se conservent ainsi pendant six semaines ou deux mois.

Quand on veut les employer, on plonge les tiges dans l'eau jusqu'à la pomme pendant deux jours ; les pommes reviennent à leur état primitif de fraîcheur. C'est le moment de les faire cuire, autrement ils se fondraient et ne seraient plus mangeables.

Courge. — Se conserve au sec, à l'abri de la gelée. (Voir *Courge*, page 24).

Échalote. — Se conserve comme l'ail.

Navet. — Se conserve comme la betterave.

Oignon. — Comme l'ail.

Persil. — Voyez *Cerfeuil*.

Poireau. — Passe l'hiver en pleine terre. Toutefois il est bon, pour l'avoir toujours à sa disposition, de le lever fin novembre et de le mettre en jauge, le long d'un mur, à l'exposition du midi. S'il survient des gelées on en couvre une partie avec des feuilles ou des paillassons.

Pomme de terre. — La conservation de la pomme de terre pour la table est facile. Il suffit de la rentrer à peu près sèche, et de la loger dans une cave saine; mais pour la reproduction des variétés hâtives, il y a quelques précautions à prendre; voici en quoi elles consistent :

1° Récoltez les tubercules par un beau temps ;

2° Faites-les sécher sur le sol pendant une bonne journée ;

3° Etalez ensuite sur le sol d'un grenier et sur la paille, vos tubercules; laissez-les tant que la gelée ne sera pas à craindre ;

4° Retournez-les fréquemment, en les remuant pour exposer toutes les parties à l'air, et éviter que les germes se développent.

5° Si les gelées surviennent et qu'elles vous fassent craindre la perte de vos tubercules, mettez-les en panier, et descendez-les à la cave ou dans un cellier.

6° Les gelées passées, remettez vos pommes de terre au grenier et remuez-les deux fois par semaine, jusqu'à la plantation, mais sans casser les germes de la variété dite *quarantaine*. Vous aurez ainsi une bonne semence.

Potiron. — Voir *Courge*.

Radis d'hiver. — Se conserve comme les carottes. Les porte-graines doivent être mis en terre de bonne heure après l'hiver.

Rutabaga. — Comme la betterave.

CONSERVATION DES FRUITS.

On a indiqué bien des moyens de conserver les fruits; nous pensons qu'il n'y a encore rien de mieux, jusqu'à ce jour, que le procédé inventé par Mathieu de Dombasle. Ainsi donc, plutôt que de faire du vieux-neuf, comme on en voit tous les jours, nous nous bornerons à indiquer ce mode qui consiste à mettre les fruits dans des caisses de dix centimètres environ de hauteur, de manière à recevoir un lit seulement de pommes, poires ou raisins. Ces caisses, qui n'ont pas de couvercles, s'empilent les unes sur les autres, et se ferment presque hermétiquement, réciproquement. Aux côtés de chaque caisse, il y a deux tasseaux qui en dépassent de quatre centimètres la hauteur, afin de servir de guide pour les empiler bien d'aplomb, et aussi pour servir de poignées pour les manier.

Avec une dépense insignifiante on pourrait faire mieux. Ce serait d'établir une armoire avec une série de tiroirs de la hauteur ci-dessus. Il n'y aurait que le châssis en sus, et les tiroirs se manieraient plus facilement; car le système de Mathieu de Dombasle a l'inconvénient d'obliger d'enlever les caisses supérieures, pour prendre les fruits qui sont dans les caisses inférieures. Au moyen des tiroirs cet inconvénient disparaît.

Une armoire de ce genre, en sapin, comme les caisses de Mathieu de Dombasle, ne coûterait presque pas plus et durerait bien davantage.

Nous conseillons, comme commodité et économie, de placer des tasseaux du parquet au plafond, dans une pièce saine et à l'abri de la gelée, et de les garnir de tiroirs de la dimension des caisses de Mathieu de Dombasle. Il suffirait d'étiqueter chaque tiroir pour qu'à la minute on trouvât les fruits demandés.

Pour conserver les fruits, pommes, poires, raisins, il suffit de les placer dans ces caisses et de fermer hermétiquement l'appareil : on les place l'un à côté de l'autre et non l'un sur l'autre. On peut augmenter ou diminuer la profondeur et la largeur des caisses ou tiroirs à volonté. Mathieu de Dombasle avait adopté à Roville 66 centimètres, largeur 50 centimètres, hauteur ou profondeur 10 centimètres, le tout mesuré intérieurement. Une caisse de cette dimension contenait, dit-il, cent beurrés ou bon-chrétiens de belle taille.

Quant à la conservation des fruits, elle ne laisse rien à désirer, à en juger d'après ce que dit cet illustre praticien.

« Les fruits, dit-il, se conservent facilement dans ces caisses, et cette bonne conservation est vraisemblablement due à la stagnation complète de l'air dans cet appareil. On s'efforce d'obtenir autant qu'on le peut cette condition dans les fruitiers ordinaires, parce qu'on a reconnu que c'est elle qui contribue le plus à la conservation des fruits ; mais quelques soins

que l'on prenne, il est impossible de l'atteindre
dans le local le mieux clos, avec autant de per-
fection qu'on l'obtient sans aucun soin dans les
caisses. On sent, toutefois, qu'il est encore plus
indispensable ici que dans toute autre disposition, de ne serrer les fruits dans les caisses que
lorsqu'ils sont entièrements exempts d'humidité, puisqu'il ne peut plus s'y opérer d'évapo-
ration.

« Les principaux avantages que l'on trouvera
dans l'emploi du fruitier portatif, ajoute-t-il,
consistent non-seulement dans la possibilité de
loger une très-grande quantité de fruits dans un
très-petit espace, et de les tenir à l'abri des animaux malfaisants ; mais aussi dans la facilité
avec laquelle se fait le service pour soigner et
trier les fruits en enlevant ceux qui viendraient
à se gâter ou dont on a besoin pour la consommation journalière.

« Chaque caisse, dans les dimensions que je
viens d'indiquer, dit en terminant Mathieu de
Dombasle, coûtera de 75 centimes à 1 franc,
selon que le prix du bois sera plus ou moins
élevé dans la localité, et que la conservation
sera plus ou moins soignée. » On voit que
comme toujours il prévoit tout et se rend
compte de tout. Nos tiroirs faits en bois blanc
(peuplier) ne coûteraient pas davantage, et peut-
être moins.

Quel que soit le mode de conservation qu'on adopte, il faut :

1º Que les fruits soient récoltés à point, c'est-à-dire assez mûrs pour qu'ils ne fanent pas, mais pas assez pour qu'ils passent trop vite ;

2º Que la cueillette soit faite par un beau temps ;

3º Que les fruits soient rentrés très-secs ;

4º Que les fruits humides ou mouillés soient étalés dans un grenier bien aéré sur de la paille, pour les faire sécher, avant de les loger ;

5º Qu'ils soient surveillés fréquemment pour enlever tous les pourris et meurtris qui feraient gâter ou pourrir ceux qui sont sains.

LES 365 SALADES

DE NOTRE AMI ANTOINE

Nous allions envoyer à l'imprimerie le manuscrit de ce petit ouvrage quand nous recevons la lettre suivante d'un de nos amis :

« Cher Ferdinand,

« Vous savez que je suis rentier maintenant, c'est-à-dire un être très-ennuyé et fort ennuyeux. Vous savez aussi que je suis un amateur passionné de salade et qu'il m'en faut au moins 365 par an. Quand j'étais quelqu'un et quelque chose, ma cuisinière allait au marché et je n'avais pas à me préoccuper de salade ; mais depuis que j'ai quitté la ville de X... et que je suis à six lieues du marché, je croque le marmot en guise de salade, et cela ne saurait durer. J'ai donc recours à vous, mon cher ami, pour me tirer d'embarras. Je n'ai ni couches ni châssis, dans mon jardin qui est vaste et bien situé comme vous savez. Si, au moins, j'avais un petit soupirail du feu central dont parlent les géologues (mon cher, je lis des ouvrages de géologie, c'est à ne pas y croire), j'essayerais de l'utiliser pour me faire un thermosiphon ; mais, hélas, rien! rien! Donc je vous somme d'avoir à m'envoyer au plus tôt le moyen de manger mes 365 salades par an, et même au besoin 366, pour les années bissextiles.

« Cordialités.

« Antoine X... »

Par retour du courrier nous adressâmes à notre ami la réponse que voici :

« Cher Antoine,

« Bien vrai, vous êtes ennuyé ; bien vrai, vous êtes ennuyeux de me demander 365 salades. Mais, prenant votre position en considération, je vous promets de vous envoyer, sous quelques jours, la recette que vous me demandez. Et, pour cela, je me passerai de châssis, de couches et du feu central, cette idée aussi impossible que singulière de vos géologues, invention sur laquelle je vous ferai connaître mon opinion, si Dieu me prête vie.

« Tout à vous.

« V. Ferdinand Lebeuf. »

Pour complaire à notre ami Antoine, il nous a fallu faire un petit travail ; c'est ce travail que nous soumettons à nos lecteurs, pensant que notre ami n'est pas le seul dans le cas précité. Nous faisons ainsi d'une pierre deux coups. Chacun pourra comme lui trouver le moyen de manger de la salade toute l'année, c'est-à-dire 365 fois et au besoin 366 par an. — Notez que notre ami habite le centre de la France, et que ce qui suit ne saurait être appliqué qu'au centre et au nord ; car au midi l'embarras d'Antoine disparaît en grande partie.

JANVIER.

Semis. — A la fin du mois, semez sous cloche à bonne exposition, des romaines vertes et blondes, et de la laitue brune ou paresseuse. Ces semis sont risqués ; mais ils pourront remplacer ceux faits à l'arrière-saison, dans le cas ou ils auraient souffert de l'hiver.

Consommation. — Pendant tout le mois vous pourrez manger des mâches avec du céleri turc ou à côtes et même du céleri-rave : c'est un délicieux mélange qui fera oublier facilement les chicorées et les scaroles devenues insipides. Si vous êtes amateur de chicorée sauvage ou *barbe de capucin*, vous pouvez en avoir à votre aise en employant les moyens connus. La *barbe de capucin* et la betterave rouge font une assez bonne salade, mais il n'en faut pas abuser.

FÉVRIER.

Semis. — Tentez de nouveaux semis sous cloche, de laitue paresseuse, de chicon pomme en terre et de romaine.

Consommation. — Mâches, céleri turc et céleri-rave comme en janvier, chicorée sauvage étiolée, ou barbe de capucin. — On peut commencer de manger du pissenlit et de la raiponce.

MARS.

Semis. — Semez en pleine terre laitue paresseuse, laitue chicon pomme en terre, romaine blonde et verte, pissenlit, céleri turc et céleri-rave. Ces derniers doivent être faits sous cloche.

Repiquages. — On repique les semis de l'automne : laitue, romaine, laitue chicon pomme en terre.

Consommation. — Mâches, barbe de capucin, pissenlit, raiponce.

AVRIL.

Semis. — Continuez ceux du mois de mars ; seulement les céleris peuvent, à cette époque, se semer en pleine terre, sans l'aide de cloches.

Repiquages. — On peut repiquer en planches, dès les premiers jours d'avril, les salades semées sous cloche en janvier, février et mars, auxquelles on a dû donner de l'air à temps. — Les cloches doivent être enlevées aussitôt que les froids sont passés ; autrement les plantes s'étioleraient.

Consommation. — Céleri, mâches, pissenlit, barbe de capucin et chicorée sauvage jeune et verte ou étiolée sous la paille (relevée avec un peu d'ail, cette salade a des amateurs) ; romaines et laitues, chicon pomme en terre des semis de l'amneuto.

MAI.

Semis. — On peut continuer de semer des romaines, des laitues, des pissenlits. On commence les semis de chicorée et scarole sous cloche, pour faire lever promptement, afin d'éviter que ces plantes montent sans pommer.

Repiquages. — On repique le plant des semis du mois précédent.

Consommation. — Laitue paresseuse d'hiver, romaines d'hiver, laitue chicon pomme en terre, chicorée sauvage jeune, soit verte, soit étiolée sur place, sous de la paille, et récoltée feuille à feuille, dans les premiers jours du mois, plus tard elle devient amère.

JUIN.

Semis. — Chicorée, scarole, raiponce, chicorée sauvage, pour consommer au mois d'avril suivant; laitue paresseuse, pissenlit.

Repiquages. — Repiquer les semis du mois de mai.

Consommation. — Romaines, laitues, laitues chicon pomme en terre.

JUILLET.

Semis. — Chicorée, scarole, raiponce ; on peut faire quelques semis de mâches, pour la consommation de septembre, si on aime cette plante.

Repiquages. — Repiquer les semis du mois de juin.

Consommation. — Romaines, laitue brune paresseuse, chicorée et scarole des premiers semis.

AOUT.

Semis. — Chicorée, scarole, mâches.

Repiquages. — Repiquer les semis du mois de juillet.

Consommation. — Chicorées, scaroles, laitue paresseuse, romaines.

SEPTEMBRE.

Semis. — Mâches.

Repiquages. — Les dernières chicorées et scaroles, du 1er au 10 ; il faut que ce plant soit très-fort, autrement il ne donnerait que des salades trop faibles.

Consommation. — Chicorées, scaroles et les premières mâches.

OCTOBRE.

Semis. — Mâches; laitues et romaines d'hiver sous cloche.

Consommation. — Chicorées, scaroles, mâches, céleris.

NOVEMBRE.

Semis. — Laitues et romaines sous cloche.

Repiquages. — Les laitues et romaines sous cloche. On peut également repiquer ces plantes en planches sur ados, ou côtières, à bonne exposition.

Consommation. — Chicorées, scaroles, mâches, céleri-rave, céleri à côtes, barbe de capucin.

DÉCEMBRE.

Semis. — Nuls.

Repiquages. — Nuls.

Consommation. — Chicorées, scaroles, mâches, céleri-rave et céleri turc en mélange avec des mâches, barbe de capucin.

DURÉE DES GRAINES POTAGÈRES.

Il importe au plus haut degré de savoir pendant combien de temps les graines conservent leur faculté germinative; c'est pourquoi nous avons donné place à ce tableau, dans cette petite brochure, bien qu'on le rencontre dans un grand nombre d'ouvrages d'horticulture.

Ail.................	2 ans.	Estragon..........	1	ans.
Artichaut..........	5 —	Fève.............	3	—
Asperge...........	3 —	Haricot...........	1	—
Betterave.........	3 —	Laitue............	4	—
Brocolis..........	5 —	Mâche ordinaire ..	6	—
Capucine	4 —	— d'Italie....	4	—
Cardon	3 —	Melon	7	—
Carotte...........	2 —	Navet	4	—
Céleri............	3 —	Oignon	3	—
Cerfeuil	3 —	Oseille	3	—
— musqué...	3 —	Panais...........	2	—
Chervis...........	1 —	Persil...........	4	—
Chicorée...... 6 à 7	—	Poireau	3	—
Chou..............	2 —	Poirée ou bette...	8	—
Ciboule...........	2 —	Radis	4	—
Citrouille ou courge 6	—	— d'hiver.....	4	—
Concombre.... 7 à 8	—	Raiponce.	3	—
Cresson alénois... 2	—	Salsifis...........	2	—
Endive ou scarole 6 à 7	—	Tomate...........	3	—
Épinard......... 3	—			

CRÉATION D'UN JARDIN

POTAGER-FRUITIER.

Depuis la publication de notre petite brochure *Révolution agricole*, on nous a demandé, bien souvent, comment nous entendrions créer un jardin potager-fruitier, réunissant toutes les conditions nécessaires à l'approvisionnement d'un ménage, composé de huit à dix personnes, vivant *bourgeoisement*, qu'on nous passe l'expression. Nous profitons de la publication de ce petit livre pour nous acquitter de la dette que nous avons en quelque sorte contractée envers nos amis et commettants.

Nous admettons qu'il faut disposer d'un terrain d'environ 25 à 27 ares, soit 2500 à 2700 mètres carrés.

Supposons que ce terrain ait 30 mètres de large et 90 mètres de long, ce qui représente la configuration du plan ci-contre.

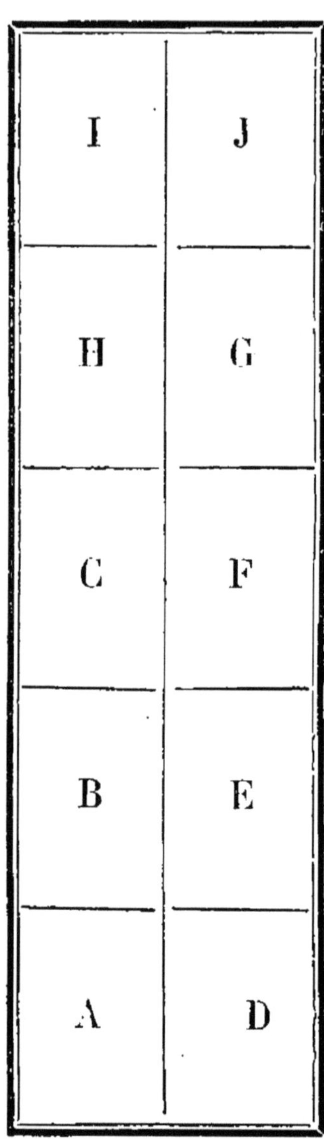

OBSERVATIONS.

On doit, autant que possible, placer les carrés **I J** du côté du nord ; car de cette manière ils font abri au reste du jardin.

Dans certains sols très-secs ils seraient très-bien placés au midi ou au couchant ; tandis que dans les sols humides et froids il faudrait faire le contraire.

Les plates-bandes de 40 centimètres laissées autour des murs ne devront jamais recevoir aucune plante ; car elles sont destinées à garantir la souche des espaliers, à recevoir les paillis après les labours qui sont faits deux fois par an ou une fois au moins l'hiver, pour ameublir le sol et le nettoyer.

Une allée de 1 mètre 50 ferait le tour de la propriété, en laissant seulement une plate-bande de 40 centimètres tout autour des murs, une autre allée de même dimension, ou **mieux de**

2 mètres, partagerait le jardin en deux parties dans le sens de la longueur, puis quatre autres allées transversales d'un mètre diviseraient le tout en dix carrés égaux de 17 mètres de large environ chacun.

Cinq carrés, A, B, C, D, E, seraient consacrés aux légumes, et le sixième F aux asperges, contenant environ deux cents griffes.

Les carrés G et H contiendraient des pyramides de poiriers, plantées à 2 mètres, 2 mètres 50 en tous sens, selon la qualité du terrain, et les carrés I et J, des arbres à haute tige, pommiers et poiriers, plantés à 5 mètres environ en tous les sens.

Les murs seraient garnis, savoir : au nord, de framboisiers, groseilliers, cassis ; — au midi, de vignes dirigées en cordons verticaux ou palmettes ; — au levant, de pêchers ; — à l'ouest, de poiriers, abricotiers et cerisiers, pouvant s'accommoder de cette exposition.

Nous ferons remarquer que par cette disposition, les carrés du potager sont entièrement libres de tous arbres nains, espaliers, pyramides, quenouilles ou fuseaux, etc., ce qui donne une immense facilité pour le travail et rend le coup d'œil beaucoup plus agréable, d'autant plus que les amateurs de fleurs pourront en cultiver dans les plates-bandes.

Le travail sera beaucoup plus facile et plus

économique étant groupé par divisions spéciales.

Les arbres, pyramides, etc., ne nuiront pas aux plantes potagères, et réciproquement.

Si le temps ne nous eût pas manqué, nous aurions joint à ce chapitre une gravure pour rendre notre pensée plus facile à saisir, mais l'intelligence de nos lecteurs y suppléera aisément.

Un tel jardin comprendra dix-huit arbres à plein vent et quarante pyramides qui donneront en moyenne, en plein rapport, de cinq à six mille fruits par an.

Après quarante ans, cinquante ans, ou plus, quand les arbres vieilliront, on pourra les remplacer en leur faisant occuper les premiers carrés A, B, C, D.

Si au lieu d'avoir la forme d'un parallélogramme le terrain était carré, on le diviserait en douze carrés égaux, pour qu'ils soient un peu plus longs que larges, et on placerait deux ou trois rangs d'arbres à plein vent dans la moitié de trois carrés, et l'autre moitié recevrait les pyramides. Il resterait ainsi neuf carrés de libres dont un pour les asperges et huit pour les légumes. Pour toute autre forme de terrain, il est facile de trouver une combinaison pour que les arbres et les pyramides soient placés séparément, et n'occupent ni trop ni trop peu d'espace.

S'il arrivait que, pour une cause ou pour une autre, on ne pût établir le jardin fruitier à la suite du jardin potager, il faudrait le faire ailleurs, à proximité de l'habitation, afin de pouvoir le surveiller plus facilement.

Si l'on voulait spéculer sur la production des fruits, on suivrait la même marche ; on ferait un jardin fruitier distinct de toutes les cultures.

Dans l'un comme dans l'autre cas, voici ce qu'il faudrait faire.

On choisirait un terrain convenable, dont la profondeur de terre végétale soit suffisante et le sous-sol perméable. On défoncerait à 50 ou 60 centimètres, soit à la bêche, à la houe ou même à la charrue, et on dresserait le sol le mieux possible.

Cela fait, on placerait un treillage d'un mètre de hauteur autour de la propriété, et on planterait une haie d'épine blanche (aubépine) avec du plant d'un an ou deux, en ayant soin de *ne pas la ravaler* et de laisser les tiges et les branches de toute leur longueur. L'année suivante on la taillerait à dix centimètres du sol et on la soignerait comme il est d'usage.

Pendant l'hiver, et aussitôt les trous ouverts, on planterait des pyramides à la distance de deux mètres et demi à trois mètres au plus en tous sens, soit en quinconce, soit en carré, en ménageant une allée de deux mètres dans le milieu.

Si le sol est bon, douze ou quinze ans après ces pyramides seront en plein rapport et continueront de donner des fruits en quantité pendant plus de vingt-cinq ans.

Le pommier ne pouvant s'élever en pyramide, on pourra en planter quelques-uns en plein vent au nord de la propriété ; ils lui serviront d'abri. La pomme étant de beaucoup inférieure à la poire, comme nous l'avons dit précédemment, on ne devra planter que fort peu de pommiers, à moins qu'on n'ait un goût prononcé pour ce fruit.

Au lieu de pyramides qui exigent un certain talent pour la taille et la direction, on pourrait faire des contre-espaliers qu'on palisserait sur des fils de fer, de manière à faire des allées, allant d'un bout à l'autre de la propriété, soit en long, soit en travers ; mais de manière que le soleil frappe directement les arbres en face, c'est-à-dire que les lignes soient dirigées de l'est à l'ouest, ou du sud-est au nord-ouest, ou du nord-est au sud-ouest.

Ces contre-espaliers produisant autant que les pyramides, sont plus faciles à diriger et n'exigent plus aucune taille, pour ainsi dire, arrivés à l'âge de huit à dix ans.

Si le sol était mauvais ou médiocre, et qu'on ne voulût pas faire les frais d'un défoncement, on pourrait, pour se procurer des fruits, établir des cordons.

Pour cela, on donnerait un fort labour à la charrue à défoncer, pour remuer le sol au moins à 40 centimètres, et on planterait des scions de poiriers à 2 mètres 50 l'un de l'autre sur la ligne, et on espacerait les lignes de 1 mètre 50 seulement. Immédiatement après la plantation, on tendrait les fils de fer, et on palisserait les scions en les inclinant.

Le pommier s'arrange parfaitement de cette forme.

Après vingt ou trente ans, ces cordons seraient épuisés ; mais, alors, il serait facile de les remplacer ; une telle plantation n'occasionne pas de grands frais, relativement à son produit qui ne se fait pas attendre, puisque dès la troisième année de plantation on commence à récolter.

Si, par extraordinaire, la plantation réussissait au delà des espérances, et que la végétation fût bonne, au lieu d'un seul cordon, on en ferait deux. Pour cela, il suffirait de tendre un second fil de fer à 35 centimètres au-dessus du premier, et d'y palisser un rameau que l'on prendrait sur chaque pommier ou poirier. On se procurerait ainsi une récolte double de celle qu'on aurait eue.

La clôture en treillage de chemin de fer est une dépense qui semblera très-onéreuse à quelques personnes ; cependant nous ne conseillons pas de la supprimer. Car sans elle, il serait impossible d'établir une haie vive que gens et bêtes fouleraient, briseraient de cent manières différentes. D'ailleurs, dans les pays soumis au pâturage des bestiaux et des bêtes à laine, il est indispensable de leur barrer le passage, sans quoi ils détruiraient les arbres en les brisant et en en mangeant les pousses.

Ces treillages sont cependant une dépense insignifiante ; car ils reviennent tout posés à 1 fr. le mètre courant. Or, pour entourer un jardin de 30 ares, ayant 120 mètres de long sur 25 mètres de large, il ne faudrait que 290 mètres coûtant 290 francs. Si l'on compare cette dépense au produit, on trouvera qu'elle est peu importante.

QUEL EST LE PRODUIT D'UN JARDIN FRUITIER ?

Comme ce livre s'adresse non-seulement aux amateurs, mais encore aux spéculateurs, et que d'ailleurs souvent la question ci-dessus nous a été posée, nous en faisons l'objet d'un chapitre spécial qui sera notre réponse à ceux qui nous l'ont faite et à ceux qui nous la poseraient à l'avenir.

Dépenses d'une plantation de 30 arcs en pyramides.

francs.

Défoncement de 30 ares, à 10 fr. l'are. . 300
Clôture en treillage de chemin de fer. . 290
Épines et plantation. 60
Fumure et engrais. 150
600 pyramides environ, à 75 fr. le 100. 450
Ouverture des trous et plantation des
    pyramides. 150

Ensemble. . . . 1.400

L'intérêt de 1,400 fr. à 5 p. 100 par an
    est de. 70
Loyer de la terre. 40
Frais de taille et de culture. . . . 400
Cueillette, emballage et faux frais. . . 100
Impôts. 10

Dépense annuelle. . . . 620
Soit pour 30 ans, — 18,600 francs.

Recettes.

Les recettes sont en raison de la récolte ; or
il est permis de l'évaluer comme il suit :

Les six premières années elle est nulle.

A la septième, on doit compter deux fruits
par arbre, et ainsi de suite, en augmentant

6

chaque année, comme l'indique le tableau ci-dessous, qui est établi sur des bases moyennes et pratiques.

Cependant il faut dire que ces calculs n'ont rien de précis ; car ils dépendent à la fois du sol, de la nature des arbres, de la taille, etc. ; ils sont susceptibles d'augmentation comme de diminution.

Age des pyramides.	nombre de fruits.	Age des pyramides.	nombre de fruits.
7.............	2	*Report*.....	547
8.............	5	20..........	110
9.............	8	21..........	120
10..........	12	22..........	130
11..........	18	23..........	130
12..........	25	24..........	125
13..........	32	25..........	125
14..........	45	26..........	100
15..........	60	27..........	100
16..........	70	28..........	90
17..........	80	29..........	75
18..........	90	30..........	40
19..........	100		1692
A reporter.	547		

La récolte d'une pyramide est donc de 1692 fruits, depuis l'âge de 7 jusqu'à 30 ans. En comptant ces fruits à raison de 5 francs le 100 seulement, prix qui est de beaucoup inférieur à leur valeur, si l'on a fait un bon choix des variétés lors de la plantation, on a ainsi un total de 84 francs 60 centimes par arbre, soit

pour 600. . . . . 50.760 fr.

Les dépenses étant de. . . . 18.600

Le bénéfice est de. . . 32.160 fr.

On nous dira peut-être qu'il est impossible de trouver le placement de ces fruits; nous répondrons ceci : envoyez-les à la halle de Paris et vous les vendrez facilement le double, tous frais déduits, et en tirerez ainsi 100,000 fr.

Le produit d'un jardin fruitier, planté de contre-espaliers, serait un peu plus considérable, mais les frais d'établissement seraient aussi plus élevés, car il faudrait placer des poteaux en fer, des fils de fer, etc., qui sont très-coûteux, et qui demandent de l'entretien.

Quant aux cordons, ils produiraient environ le tiers des pyramides.

CALENDRIER DU JARDINIER

OU ÉPOQUES DES SEMAILLES, PLANTATIONS ET TRAVAUX
A EXÉCUTER AU NORD ET AU MIDI DE LA FRANCE
DANS LE POTAGER.

———

L'établissement d'un calendrier de ce genre est des plus difficiles, et nous ne nous en déguisons pas la difficulté. En effet, il arrive très-souvent que sous la même latitude, une plante peut être semée ou plantée quinze jours plus tôt ou quinze jours plus tard, ce qui fait une différence énorme en raison des assolements et des récoltes.

Cependant, comme en définitive ces localités ne sont que des exceptions, nous avons cru devoir nous en tenir aux généralités et passer outre. Il ne s'ensuit pas de ce qu'une règle générale a des exceptions qu'elle n'ait pas de raison d'être. — D'autant plus que ceux qui habitent ces localités ne l'ignorent pas, et que, connaissant leur climat, ils sont en mesure de lui appliquer, justement, les règles générales que nous allons donner.

Nous avons distingué la France en deux régions : le nord et le midi; cependant il y a incontestablement une région qui tient le milieu. C'est donc à ceux qui l'habitent à faire la part des époques de semailles, etc., ce qui est facile ; car si nous indiquons pour le midi un semis en janvier, et que pour le nord il ne se trouve qu'en mars, il est évident que pour les régions moyennes il devra être fait en février, à moins des circonstances particulières dont nous venons de parler.

Nous devons dire, toutefois, que le *nord* indique spécialement le climat de Paris, et le midi le climat des pays situés au delà du 46ᵉ degré de latitude.

Nous aurions pu nous dispenser de donner ce calendrier, car il se trouve dans un grand nombre d'ouvrages ; mais nous le faisons, pensant être utile à ceux qui ne l'auraient pas sous la main.

Les 365 *salades de notre ami Antoine* feront double emploi en quelque sorte ; néanmoins nous avons cru devoir les conserver telles quelles, pensant qu'elles éviteraient des recherches et du travail à ceux qui sont dans le même embarras qu'Antoine.

6.

CALENDRIER DU NORD.

JANVIER.

Terminer les labours, si les fortes gelées ou les pluies le permettent ; porter les fumiers dans les endroits libres et où il en est besoin pour les premières semailles du printemps.

Vers la fin du mois, on pourra commencer de planter, dans les terres légères, de la romaine verte hâtive, à bonne exposition, et les choux-fleurs semés en septembre.

On continuera la plantation des arbres, si la saison le permet.

On peut tenter à la fin du mois quelques semis en pleine terre de cerfeuil, d'oignons rouges, des poireaux et des carottes hâtives, de pois nains, de Hollande et Michaux.

Nettoyer les arbres mousseux, arracher ceux que l'on veut supprimer.

Planter la vigne et notamment les pyramides qui se trouvent dans les plates-bandes pendant qu'elles sont libres.

Semer du guano et de la colombine sur les bordures d'oseille, sur les fraisiers, si on ne l'a pas fait dès l'automne.

Préparer la terre pour les plantations d'asperges.

Couvrir ou découvrir les céleris et les artichauts selon la température, mais ne jamais laisser ces derniers découverts pendant la nuit.

On taille les arbres à la fin du mois si l'on craint de ne pouvoir le faire pendant le mois de février ; mais il ne faut le faire que pendant les beaux jours. — Ne pas tailler le pêcher.

FÉVRIER.

Terminer les labours d'hiver s'ils ne le sont pas encore, et déposer les fumiers et engrais en place.

Semer en pleine terre si le sol est léger et chaud, oignon, ciboule, poireau, fève, pois, carottes, panais, persil, épinards, petits radis, ail, échalotes, salsifis, laitue brune paresseuse, chicorée sauvage.

Semer sur couche, radis, choux Milan, choux cabus, choux pommés de toutes sortes, laitues, romaines, chicorée sauvage, choux-fleurs, céleri-rave, céleri turc.

On continue la plantation des arbres, on taille les pommiers, poiriers, la vigne en cépées, les groseilliers et les framboisiers.

On plante la vigne; on repique les oignons porte-graines, carottes, betteraves, mais à la fin du mois seulement.

On risque quelques rayons de pommes de terre hâtive à la fin du mois. On termine le repiquage des choux et des romaines semés au mois de septembre, ainsi que celui des oignons blancs qui n'aurait pu être fait plus tôt.

On peut aussi transplanter les pieds de fraisiers qui n'auraient pu l'être à l'automne. On prépare les fosses pour la plantation des asperges. On déchausse les asperges et on les recharge avec du fumier bien pourri, du guano ou des composts, si ce travail n'a pas été fait avant l'hiver.

On donne de l'air aux artichauts, comme nous l'avons dit pour le mois précédent, en ayant soin de les recouvrir tous les soirs.

MARS.

On continue les semis indiqués pour le mois précédent. On peut, en outre, faire la plupart de ceux de toutes les plantes potagères ; ainsi on fait avec sécurité des semis de pois, radis, betteraves, oignons, carottes, poireaux, laitue, romaine, céleri, choux, salsifis, épinard, pois mange-tout, betterave, oseille, ail, échalote ; le tout en pleine terre.

Sur couche, on sème radis, laitue, romaine ou chicon, choux divers, melons, concombres, potirons ; ces trois derniers sous cloche.

On plante également pommes de terre hâtives, oseille, oignons ; on débutte un peu les artichauts, on met en place les porte-graines de toutes espèces.

On plante les asperges et les fraisiers.

On prépare le fumier pour les couches à champignon.

On taille les arbres à noyaux, pêchers, abricotiers, cerisiers ; on termine celle des arbres à pepins. On taille la vigne en cépées et en treilles.

On raccourcit vigoureusement les pêchers et abricotiers qui n'ont poussé que peu de bois l'année précédente.

On provigne la vigne ; on termine les plantations de toutes sortes, si c'est possible, avant la fin du mois.

On fait des couches pour les semis de salades, notamment pour les chicorées hâtives, salades d'été, etc., qui doivent être semées dans la première quinzaine d'avril.

On sème des radis dans les carrés qui doivent recevoir des choux. Cette opération doit se faire dès le 15 mars, en enterrant le fumier qui a dû être épanché sur le terrain dès les premiers jours de février.

AVRIL.

La température s'élève, et déjà on a besoin de recourir aux arrosages ; mais, dans ce cas, il faut arroser le matin seulement.

La plus grande activité doit régner pour les semis à faire, tant en pleine terre que sur couche.

On sème en pleine terre : choux, carottes, cerfeuil, navets, épinards, oseille, cresson, ciboules, radis, salsifis, chicorée sauvage, pois, radis noirs, pissenlit.

On sème sur couches : laitue, chicorée hâtive, concombres, melons, piments, tomates, potirons, courges, céleri d'été.

A bonne exposition, on risque quelques planches de haricots, à la fin du mois. On plante les pommes de terre hâtives.

On œilletonne et laboure les artichauts.

On plante les œilletons d'artichaut, les fraisiers, les asperges ; on repique les laitues, romaines et autres plantes semées en mars, sur couche ou en pleine terre.

On repique à bonne exposition les choux-fleurs semés sur couche en mars, et on plante des cornichons le long d'un mur, au midi, afin d'avoir des fruits de bonne heure, si l'on n'a pas fait de semis sur couche.

On fait les couches à champignons; on prépare le fumier pour celles à faire au mois de mai.

On termine la taille de tous les arbres fruitiers, celle des treilles et vignes en cépées qui aurait été retardée.

On continue la plantation de la vigne pendant tout le mois; on débutte, œilletonne, fume et laboure les artichauts.

On greffe en fente, on échenille; on donne des tuteurs aux vignes et plantes qui en ont besoin. On courbe les tiges de framboisiers qui doivent donner du fruit, afin d'augmenter le nombre des pousses, et partant celui des fruits.

MAI.

On continue, pendant ce mois, les semis de carottes, betteraves, laitue, romaine, céleri, chicorée frisée et chicorée de Meaux, endive ou scarole, cerfeuil, cornichons ou concombres, choux de Saint-Denis, Milan de Vaugirard, chou rouge, navets, pois, pommes de terre, radis

noirs et raves, cresson, poirée à carde, potirons.

Il sera bon de semer les chicorées et autres
salades sur couche, si l'on en a une ; car celles
qui sont semées en pleine terre sont encore su-
jettes à monter. Nous indiquons un semis de
pois ; il est beaucoup moins productif que celui
fait plus tôt. Il sera bon aussi de semer les choux
sur couche.

C'est le moment des grands semis de haricots,
de navets et de cardons.

On fait les couches à champignons ; on
prépare le fumier pour celles du mois de
juin.

On sarcle, bine; les plantes en végétation ;
c'est aussi dans ce mois que les arrosages deviennent indispensables ; mais il ne faut encore
arroser que le matin et non le soir, si les gelées
tardives sont à craindre.

On achève la plantation des asperges, des
fraisiers ; celle de la vigne qui n'aura pas été
faite en avril, celle des artichauts et de toutes
les plantes qui se reproduisent de drageons et
de caïeux, telles que estragon, civette, men-
the, etc.

A la fin du mois, on lie les romaines d'hiver
et celles replantées dans les premiers jours du
printemps.

On transplante les salades semées en avril si

elles sont assez fortes, ainsi que toutes les autres plantes semées le mois précédent.

JUIN.

Les couches n'ont plus la même importance pendant ce mois ; néanmoins, on doit toujours s'en servir pour avoir du plant.

On sème en pleine terre des choux de toutes sortes, chicorée, scarole ou endive, haricots, navets, laitue à feuilles d'artichaut, laitue paresseuse, radis noirs, ronds et longs, pour l'automne, céleri, persil, radis d'été.

On repique les salades semées le mois précédent, le poireau et les céleris semés dès les premiers jours du printemps. On récolte les artichauts, fraises ; on arrose abondamment, le soir, toutes les plantes qui en ont besoin, afin que l'eau puisse pénétrer jusqu'aux racines.

On peut déjà commencer à semer de la raiponce dans la dernière quinzaine du mois, à une position ombragée.

On récolte la graine de cerfeuil, de cresson alénois, de mâches et de navets.

On éclaircit les semis de carottes, de betteraves, d'oignons, de salsifis.

On ébourgeonne et on palisse la vigne. On palisse les espaliers, on les pince, on les ébourgeonne et surveille activement ; car c'est de ces opérations que dépend tout le succès des plantations, soit en vignes, soit en toutes espèces d'arbres fruitiers.

L'ébourgeonnage de la vigne est difficile ; aussi recommandons-nous à ceux qui ne le connaissent pas de lire : *Culture de la vigne, dans les vignobles et les jardins* [1].

JUILLET.

C'est pendant ce mois que se font les semis des plantes qui doivent se récolter avant l'hiver. On sème donc carottes hâtives, chicorée, endive, laitue à feuilles d'artichaut, haricots, radis roses et radis noirs (ces derniers ne viennent pas toujours très-gros ; mais ils n'en sont que plus faciles à conserver).

C'est l'époque des principaux semis de raiponce. On peut aussi commencer à semer des mâches ; on sème du cerfeuil, des choux verts pour passer l'hiver, de la chicorée sauvage, du cresson alénois, de la poirée, des navets et des raves.

Vers la fin du mois, on peut semer des oignons blancs, des scorsonères.

1. 1 vol. 2 fr. 50, chez Roret, libraire, rue Hautefeuille, 12, Paris.

On repique le céleri semé en mai, les choux et les choux-fleurs qui ont été semés pendant le mois précédent.

C'est le moment de récolter les graines de choux, de cerfeuil, d'oseille, de pois, d'épinards, de raiponce, etc.

On doit arroser abondamment pendant tout ce mois et employer les eaux fertilisantes au besoin.

On continue la taille en vert sur les espaliers, nains et pyramides, et on les pince.

On palisse la vigne, on l'ébourgeonne, **on la pince**, on l'évrille, etc., on éclaircit **les grappes trop serrées, etc.**

AOUT.

On sème choux-fleurs, épinards, cresson, choux pommés, laitues d'hiver, navets, raves, oignons blancs, oseille, petits radis roses. A la fin du mois, choux d'York, de Milan, cœur de bœuf, laitue coquille.

C'est l'époque des principaux semis de mâche pour consommer à la fin de l'automne et au printemps. On ne doit pas négliger les semis dans les carrés de choux lors du dernier binage.

On repique de la chicorée, de la scarole pour

la consommation d'automne ; on en sème de nouvelles pour celle de l'hiver.

On sème le cerfeuil, du persil et des scorsonères.

On continue les arrosages. On récolte les oignons rouges et jaunes.

C'est du 25 août au 10 septembre que se font les principaux semis de choux d'York, pain de sucre et cœur de bœuf. On fera bien d'en faire un semis tous les 15 jours, jusqu'au 5 octobre, afin d'être assuré d'avoir du plant qui passera l'hiver ; car il arrive que celui qui est trop fort périt pendant cette saison.

On récolte les graines de carottes, d'oignons, de laitues et romaines, de radis, de poireau, de persil, de panais, etc.

On commence la plantation des fraisiers.

SEPTEMBRE.

On sème des choux-fleurs sur les vieilles couches, si elles ne sont pas occupées, ou on fait ces semis à bonne exposition, pour qu'ils puissent passer l'hiver ; de même pour les choux d'York, les choux de Saint-Denis, cabus et tous autres choux pommés destinés à produire de bonne heure l'année suivante.

C'est le moment de semer des épinards pour passer l'hiver et récolter au printemps.

On sème encore de la mâche pour l'arrière-saison et pour le printemps, ainsi que des radis roses, des laitues, romaines, chicorée sauvage, du cerfeuil bulbeux, des poireaux, des navets, des raves et du cerfeuil. Les semis de laitues, de romaines et de radis devront être faits soit en pleine terre à bonne exposition, soit sur les vieilles couches s'il y en a de libres.

On peut aussi semer des radis roses ronds, entre les pieds des jeunes artichauts; mais ces semis doivent être faits très-clairs et dès le commencement du mois.

Les arrosements diminuent; on n'arrose plus que le matin, à la fin du mois, si l'on craint la fraîcheur des nuits qui retarde la végétation.

On repique encore de la chicorée et de la scarole pour l'hiver, des romaines, des laitues.

On plante les fraisiers pour récolter l'année suivante et on les arrose jusqu'à parfaite reprise.

On récolte les graines de choux-fleurs, de cardon, chicorée, céleri, persil et poireau, ainsi que celles des radis tardifs, de chicorée sauvage, poirée et pourpier, betterave, chicorée, scarole, laitue tardive, romaine verte tardive, etc.

On fait des couches à champignons dans la cave pour la provision d'hiver.

OCTOBRE.

Pendant ce mois on sème de la laitue paresseuse, de la romaine, de la mâche, du cerfeuil, du cerfeuil bulbeux, des épinards.

On repique les choux d'York, les oignons blancs, la romaine et les laitues.

On peut semer aussi de la gotte, des panais, de la ciboule.

On transplante les fraisiers.

On peut risquer quelques plantations de pois d'hiver et pois michaux, à bonne exposition le long d'un mur.

On repique les choux-fleurs semés en septembre.

On empaille ou butte le céleri pour le faire blanchir, on nettoie les planches d'asperges ou d'artichauts.

On divise les touffes d'oseille et on les repique.

On plante des pieds de persil dans des pots pour la provision d'hiver.

On couvre de paille les chicorées et scaroles à la fin du mois, aussitôt que les gelées peuvent les atteindre.

On démolit les vieilles couches et on met de côté le terreau qui en provient, ou on le répand pour fumer.

NOVEMBRE.

Les semis se ralentissent considérablement pendant ce mois, on ne peut plus guère en faire que dans certaines localités privilégiées, telles que les sols secs, légers et abrités. On peut encore y faire quelques semis de mâche, on peut également semer des fèves, des pois michaux, de la laitue paresseuse et de la romaine pour le printemps.

On déchausse et fume les asperges.

On transplante les fraisiers tant que **la température** permet de travailler la terre.

On butte les artichauts.

On empaille ou butte les derniers céleris.

On étend de la paille sur les chicorées, **scaroles** ou endives tardives, pour les conserver et les faire blanchir.

On arrache les radis noirs, on les rentre et enterre dans la cave ou le cellier.

On peut faire de la *barbe de capucin* en arrachant et enterrant de vieux pieds de chicorée sauvage soit dans le sable à la cave, soit en la piquant dans un tonneau rempli de sable (voir *Conservation des légumes*, p. 70).

On fume et laboure les carrés vides.

On renouvelle les bordures d'oseille, de fraisiers, de buis, etc.

On plante la vigne, les arbres fruitiers : pyramides, nains, espaliers ou arbres à plein vent.

DÉCEMBRE.

Les semis sont presque nuls pendant ce mois qui, du reste, laisse peu de temps la terre maniable.

On sème à bonne exposition des pois michaux ; on peut planter de l'ail, de l'échalote et des fèves de marais.

On achève les plantations des choux d'York, ceux cœur de bœuf et pain de sucre. On déchausse les asperges qui ne l'auraient pas été en novembre, et on les fume.

On fume et laboure les carrés qui ne l'ont pas été le mois précédent.

On découvre les artichauts quand la température est douce et on les recouvre pour la nuit. Si, au contraire, la gelée devient très-intense, on les charge de paille ou de fumier.

On sème sur les jeunes plantations de choux de la colombine, du guano.

On transplante la vigne, les arbres fruitiers.

On échenille.

On modifie la constitution physique du sol en y apportant, pendant les gelées, de la marne ou de l'argile s'il est trop léger, du sable, de la chaux, de la suie et des cendres s'il est trop fort.

On enlève les vieilles écorces de la vigne et des arbres.

On laboure et fume les plates-bandes, et on y plante des pyramides pendant que le sol n'est pas occupé.

CALENDRIER DU MIDI.

***

JANVIER.

On sème, en pleine terre, des radis roses et petites raves, des choux-fleurs hâtifs, de la laitue brune paresseuse, de la passion, de Gênes, d'Italie, sanguine; de la gotte, de la chicorée à couper, de la romaine hâtive, du chicon rouge, panaché, gris et hâtif; du cresson alénois, de la mâche, du cerfeuil, des poireaux, des oignons, des choux blancs, verts, des choux Milan, pommés et rouges, des fèves, des pois, du persil, de l'échalote et des épinards.

Sur couche, on sème des melons, des concombres ou cornichons, du céleri.

On fume les carrés et on les laboure.

On plante la vigne et les espaliers.

On transplante les fraisiers, on les fume et on les rechausse.

On plante les asperges; on fume les anciennes qui n'auraient pu l'être plus tôt.

On échenille, on enlève les vieilles écorces; on commence la taille de la vigne à la fin du mois et celle des arbres fruitiers.

On met en terre les branches destinées à faire des boutures.

FÉVRIER.

On sème en pleine terre diverses laitues, telles que paresseuse, coquille, versaillaise, petite crêpe, laitue chicon pomme en terre, romaines ou chicons, oignons rouges ou jaunes, poireau, ciboule.

On sème à une exposition moins bonne, pois, chervis, petites raves, radis, poirée, topinambour, pommes de terre, persil, fèves, cardons, carottes, panais, lentilles, ail, échalote, chou Milan, civette, estragon.

Et à la fin du mois : cardon d'Espagne, haricots, chicorée, scarole.

Sur couche, on sème chicorée, laitue scarole, romaine, pour être certain d'avoir du plant qui ne monte pas.

On sème également, sur couche, des cornichons, des choux, melons, céleri, courges et aubergines.

On continue de planter la vigne, les arbres fruitiers, espaliers, nains et pyramides.

On continue la taille des arbres et de la vigne.

On fume et laboure pour les plantations et semis à venir.

On plante les asperges, les fraisiers.

On met en terre les boutures qu'on ne peut planter de suite, les greffes et plants pour s'en servir au besoin,

On échenille. — On recouche la vigne.

MARS.

On sème, en pleine terre, laitue de la passion, laitue brune paresseuse, romaine ou chicon vert, gris, panaché, et quelques-unes des salades indiquées au mois de février.

On sème également poireaux, oignons d'été et d'automne, ail, échalote, pois de toutes sortes, fèves, raifort, chervis, radis, épinards, petites raves, poirée et persil, chicorée sauvage.

On sème aussi cardons, capucines, haricots, panais, carottes, céleris, salsifis, cerfeuil, chicorées diverses, endives ou scaroles, choux divers, concombre, cornichons, pommes de terre, tomates, topinambours, melons et courges.

Sur couche, on sème chicorée, scarole, céleri, choux, laitues et romaines, pour être certain d'avoir du plant non sujet à monter ; car pendant ce mois la végétation n'a pas encore toute l'activité nécessaire pour que ces plantes aient une prompte levée.

On plante les fraisiers, les asperges.

On plante encore de la vigne et des **arbres** fruitiers.

On taille la vigne et les arbres qui né l'auraient pas été le mois précédent.

On échenille encore. — On termine **les labours** et les fumures.

On prépare du fumier pour les couches à champignons.

AVRIL.

A partir de ce mois-ci on peut se passer de couches dans le Midi. Cependant il sera bon de continuer de s'en servir pour obtenir du plant. Les semis faits sur couches marchent plus rapidement et on gagne ainsi du temps, ce qui n'est pas de mince importance en horticulture.

Pendant ce mois, on sème toutes sortes de laitues, de choux, de pois.

On sème également oignons, chicorées, scaroles, épinards, fèves, persil, radis roses, radis noirs et gris, raifort, cardons, pois, haricots, oseille, scorsonères, carottes, salsifis, tomates, navets, aubergines, cornichons, potirons, courges, etc.

On peut encore planter des fraisiers, des asperges.

On met en place les plantes semées le mois précédent.

On commence l'ébourgeonnage sur les arbres fruitiers, abricotiers, pêchers, etc.

On bine, sarcle et éclaircit les semis du mois précédent.

On commence les arrosages.

On enlève les coulants des fraisiers.

On rame les pois et les haricots semés au mois de mars.

On œilletonne et transplante les artichauts. On laboure et fume ceux plantés les années précédentes. On peut encore planter des boutures de vigne et greffer les arbres fruitiers dont la végétation n'est pas trop avancée.

On fait les couches à champignons. On prépare du fumier pour celles du mois de mai.

MAI.

Pendant ce mois, on continue la plupart des semis indiqués pour le mois précédent.

On sème laitue brune paresseuse, chicons ou

romaines de toutes sortes, romaine à feuilles d'artichaut, espèce qui se maintient longtemps sans monter, petite crêpe.

On sème des choux de Milan, des choux-fleurs, des choux-raves, pois divers, raifort, poireaux, radis roses de toutes espèces, **radis** gris, radis noir, haricots nains et à rames, carottes, scorsonères, céleri.

On sème aussi toutes les chicorées, scaroles, le pourpier, le cresson alénois, les cornichons, tomates, poivre d'Inde.

On continue d'ébourgeonner,

On palisse la vigne, les abricotiers et **pêchers** en espaliers.

On pince la vigne, les pyramides.

On supprime les coulants des fraisiers.

On bine, on sarcle, on éclaircit les semis **du** mois précédent.

On arrose; on emploie au besoin les **eaux** fertilisantes.

On repique en place tous les semis faits pendant le mois précédent.

On sème, repique et taille les melons.

On plante les batates douces ; on transplante les tomates, les aubergines et les piments.

On fait les couches à champignons.

On prépare le fumier pour celles du mois de juin.

JUIN.

On sème romaines et chicons de toutes espèces, choux verts, choux Milan, brocolis, radis roses et noirs, pois nains.

On sème encore des haricots, concombres ou cornichons, des carottes, des endives ou scaroles, de la chicorée, de la mâche.

On repique en place les plants provenant des semis du mois précédent.

On arrose le soir, après avoir laissé réchauffer l'eau au soleil, pendant quelques heures.

On arrose avec les eaux fertilisantes les plantes qui souffrent du défaut d'engrais.

On ébourgeonne et palisse la vigne, les espaliers, pyramides et nains.

On arrose les jeunes arbres plantés au printemps, la vigne plantée tardivement afin d'en assurer sa reprise.

On arrose largement les fraisiers.

On termine la récolte des asperges.

On pince les arbres, les tomates, la vigne.

On arrête ou pince les sommités des plantes porte-graines, navets, choux, choux-fleurs, choux-raves.

On récolte les graines mûres, navets, cresson, cerfeuil, mâches, etc.

On fait les couches à champignons.

On prépare le fumier pour celles du mois de juillet.

JUILLET.

On sème ciboules, laitues diverses, notamment la laitue brune paresseuse qui est lente à monter, des chicorées, des endives ou scaroles, des radis de toutes espèces, roses, noirs et gris ; des haricots, du cerfeuil, du pourpier, des navets, de la raiponce.

On repique en place les plants provenant des semis du mois dernier.

On arrose fréquemment et abondamment, toujours le soir, pour que l'eau ne soit pas absorbée par le soleil et qu'elle ait le temps de descendre jusqu'aux racines.

Récolter les pommes de terre précoces.

Pincer les tomates.

Ebourgeonner et pincer les pyramides et les espaliers.

Palisser la vigne et les espaliers.

Arroser les plantes qui ont besoin d'engrais avec des eaux fertilisantes.

Récolter les cornichons et concombres.

Repiquer du céleri, des choux-fleurs et autres choux.

Récolter les graines de cerfeuil, d'oseille, d'épinards, de pois, de scorsonère, de salsifis, de raiponce, si on n'a pu le faire plus tôt.

On fait les dernières couches à champignons, en pleine terre, dès les premiers jours de mai.

AOUT.

On sème toutes sortes de choux, cabus, Milan, choux-fleurs, choux rouges; des oignons, de la romaine verte, des laitues, de l'oseille.

On sème également cardons, épinards, carottes, scorsonères, chicorées, scaroles, navets, raves, mâches, radis roses de toutes espèces.

On transplante les semis du mois de juillet; on met en place les endives ou scaroles, les chicorées, le céleri, pour la consommation de l'automne et de l'hiver.

On plante des chicorées, et on sème des radis sur les vieilles couches.

On arrose largement les derniers cornichons, potirons et citrouilles; on taille ces derniers à deux nœuds au-dessus de leur fruit.

On commence à planter les fraisiers.

On arrose les porte-graines, afin d'empêcher l'étiolement des graines et que les insectes les mangent.

On sème du guano sur les choux-fleurs et sur les choux repiqués, de même sur les semis, et on arrose immédiatement.

On continue l'ébourgeonnage et le palissage de la vigne.

On taille en vert les abricotiers, pêchers et autres arbres à fruits à noyaux qui ont besoin d'être ravalés.

On récolte les graines des carottes, cerfeuil, laitues, panais, persil, poireau, radis, oignons, etc., qui ne l'auraient pas été le mois dernier.

SEPTEMBRE.

On sème laitues diverses, telles que **laitue** brune paresseuse, coquille, de la passion, petite crêpe, brune de Hollande, royale, de Gênes, roulette, chicons d'Allemagne, chicorée sauvage.

On sème les épinards d'hiver, les choux-fleurs hâtifs, du cerfeuil, des endives, de la chicorée, des mâches, navets, radis roses, petites raves, raves, oignons.

On met en place le plant des semis **du mois** d'août.

On continue les arrosages.

On fait blanchir le céleri, les cardons, les scaroles, les chicorées.

On plante les fraisiers.

On continue la taille en vert, et le pincement sur les espaliers, les nains et pyramides.

On répand du guano sur les semis qui souffrent ou qui sont en rétard ; on les arrose avec des eaux fertilisantes au besoin.

On continue de palisser la vigne et les espaliers.

On récolte les batates.

On récolte toutes les graines qui mûrissent pendant le mois et celles de betterave, de cardon, de choux-fleurs, céleri, chicorée, persil, pimprenelle, pois et autres qui n'auraient pu l'être plus tôt.

OCTOBRE.

On commence déjà à avoir besoin d'abris pour certains semis ; ainsi les choux-fleurs et les fèves devront être semés à bonne exposition.

Les semis à faire en pleine terre sont ceux d'oignons, de navets, d'endives, de scarole, de chicorée, de raifort, mâches, cresson alénois, pois divers, épinards, petites raves et radis, cerfeuil bulbeux.

On sème les radis et de petites raves sur les vieilles couches, quand elles sont libres.

On repique les plants des semis du mois de septembre.

On diminue progressivement les arrosages.

On fait blanchir les céleris, chicorées et endives.

On plante des fraisiers, des oignons blancs, des choux-fleurs et autres.

On sème des laitues, des romaines pour le printemps ; des laitues à couper, de la chicorée sauvage.

On plante des asperges dans les terrains secs, dès la fin du mois.

On met en place les choux d'hiver.

On récolte les graines qui n'auraient pu l'être pendant le mois précédent.

On récolte les batates.

On sème des mâches dans les planches **vides,** pour la consommation du printemps.

On fait des couches de champignons à **la cave** pour l'hiver.

NOVEMBRE.

On sème oignons, raiforts, petites raves, radis roses, épinards et mâches.

On sème également toutes sortes de laitues, telles que roulette, crêpe verte, laitue coquille, de la passion, panachée, la George, la mignonne et la paresseuse.

On sème aussi des pois michaux, des pois goulus, des pois nains.

A bonne exposition, ou sur ados, on peut semer des fèves, des romaines vertes d'hiver et du chicon pomme en terre, **des carottes de Hollande, des panais.**

On butte ou empaille les céleris pour les faire blanchir.

On renouvelle les bordures d'oseille.

On met en place les semis faits pendant le mois d'octobre, s'il y a lieu.

On plante les fraisiers.

On plante les arbres fruitiers, les pyramides et espaliers.

On plante les bordures de buis; on commence la taille des arbres fruitiers, surtout celle de ceux qui souffrent, ou qui sont vieux et manquent de vigueur.

On plante le figuier.

On plante la vigne pour former des treilles, avec du plan enraciné.

On fait des composts; on laboure les planches vides et on fume.

On défonce les ados d'asperges, on coupe les tiges, on déchausse les touffes et on les fume.

On coupe les montants d'artichaut et on les butte.

On dédouble les touffes de plantes vivaces, on bine, sarcle et éclaircit les plantes semées ou repiquées le mois précédent.

On fait les couches de champignons à la cave pour l'hiver.

DÉCEMBRE.

La végétation est presque nulle pendant ce mois, même sous le climat du Midi. Il est donc bon de différer les semis jusqu'au mois suivant, surtout ceux de pleine terre.

On peut cependant semer des laitues, les mêmes que nous avons désignées pour le mois de novembre.

On peut semer des fèves, des oignons, et à bonne exposition des radis et petites raves; mais il faut qu'ils soient suffisamment abrités.

On replante les choux qui ne l'auraient pas été le mois dernier.

On repique, pour la seconde fois, sous cloche et à bonne exposition, les laitues et romaines qui ont déjà été repiquées en octobre ou au commencement de novembre.

On continue les soins aux asperges comme nous l'avons dit au mois de novembre; on les fume, on les déchausse.

On peut encore transplanter les fraisiers.

On sème des pois d'hiver, des pois michaux, de la ciboule, à une exposition chaude comme pour le radis.

On transplante aussi les oignons qui n'auraient pu l'être plus tôt.

On transporte les engrais dans les carrés; on les épanche; on laboure les espaces vides.

On terreaute les bordures; on met du guano et de la colombine sur l'oseille.

On plante les arbres, la vigne, on les nettoie, les échenille.

On continue la taille des arbres fruitiers et on termine si c'est possible, car il n'y a plus de temps à perdre. Cependant, s'il survenait des froids intenses, il faudrait la suspendre.

On démolit les vieilles couches et on en dispose de nouvelles pour pouvoir les rétablir le mois suivant.

On fait les dernières couches à champignons, en cave.

.FIN

Imprimerie D. Bardin, à Saint-Germain.

Maison V.-F. LEBEUF, Horticulteur-Pépiniériste

EXTRAIT DU CATALOGUE

DES

ASPERGES, FRAISIERS, ARBRES FRUITIERS

VIGNES, ETC.

DE

A. GODEFROY, GENDRE ET SUCCESSEUR

26, route de Sannois, 26

A ARGENTEUIL (SEINE-ET-OISE)

AUTOMNE 1877 ET PRINTEMPS 1878

Le Catalogue général est envoyé *franco* à ceux qui en font la **demande** *franco;*
il annule les précédents.

AVIS IMPORTANT

Les expéditions commencent le 20 septembre et se continuent jusqu'au 25 avril, pour les fraisiers et les asperges ; pour les arbres fruitiers, les expéditions commencent plus tard. — Les envois se font aux frais et risques du destinataire.

Les demandes sont servies par ordre d'inscription. Dans le cas où quelques-unes ne pourraient être remplies, il en serait donné avis immédiatement.

Les brochures seules sont expédiées *franco* par la poste ; les plantes ne sont pas servies par cette voie.

L'emballage est compté à prix de revient : sous aucun prétexte il ne peut être retenu. Les fraisiers sont emballés dans de la mousse fraîche et peuvent rester pendant plusieurs semaines en route sans souffrir.

On ne livre pas au-dessous de 12 pieds de fraisiers de chaque variété, excepté pour celles qui sont marquées au-dessous de 12. L'emballage, l'étiquetage et le déplacement étant les mêmes pour un pied que pour 12, nous comptons un pied le même prix que la douzaine.

Les envois se font, soit contre un mandat à vue sur une maison de banque de Paris, soit contre un mandat de poste dont *le talon sert de quittance.* — Les demandes de 10 fr. et au-dessous peuvent être soldées en timbres-poste à 25 centimes *non séparés, par lettres chargées.* Les timbres à 40 et 80 cent. et au-dessus ne sont pas reçus en payement. On est prié de rappeler la date de la facture

Les factures sont payables à Argenteuil. *Nous prions ceux de nos clients qui ne nous font pas plusieurs demandes dans le cours de la saison de bien vouloir nous régler le montant des petits envois, aussitôt réception, pour prévenir les oublis et nous éviter des frais que nous serions obligé de mettre à leur charge.*

Il est indispensable d'indiquer la gare qui dessert la localité et d'écrire lisiblement l'adresse. Plusieurs commandes ne pouvant être livrées par suite de l'irrégularité, de l'absence ou de l'insuffisance de l'adresse, on voudra bien la donner comme il suit, pour éviter toute erreur : M. X. . . . . à . . . . Bureau de poste de ou par . . . . département de. . gare de. . . . .

Nota. — Ce Catalogue paraît tous les ans vers le 15 septembre,

ASPERGES D'ARGENTEUIL

Rouge ou violette hâtive d'Argenteuil.	1er choix.	Les 100 griffes.	10 fr.	»
	—	Le mille......	90 fr.	»
	2e choix.	Les 100 griffes.	7 fr.	»
	—	Le mille......	65 fr.	»
	3e choix.	Les 100 griffes.	5 fr.	»
	—	Le mille......	45 fr.	»
Violette tardive d'Argenteuil.	1er choix.	Les 100 griffes	10 fr.	»
	—	Le mille......	90 fr.	»
	2e choix.	Les 100 griffes	7 fr.	»
	—	Le mille......	65 fr.	»

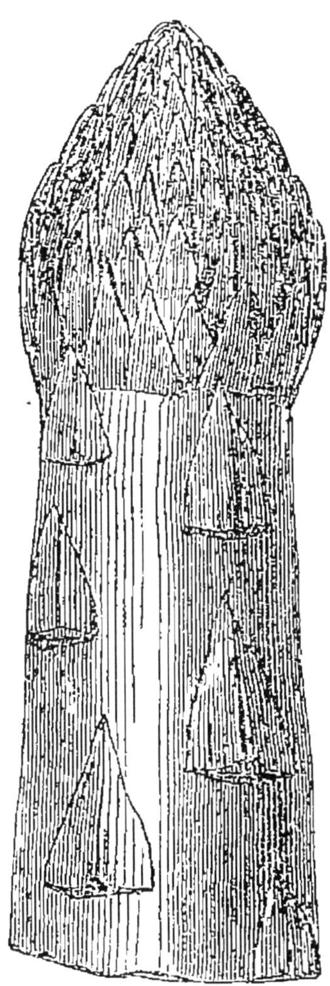

Fig. 1.

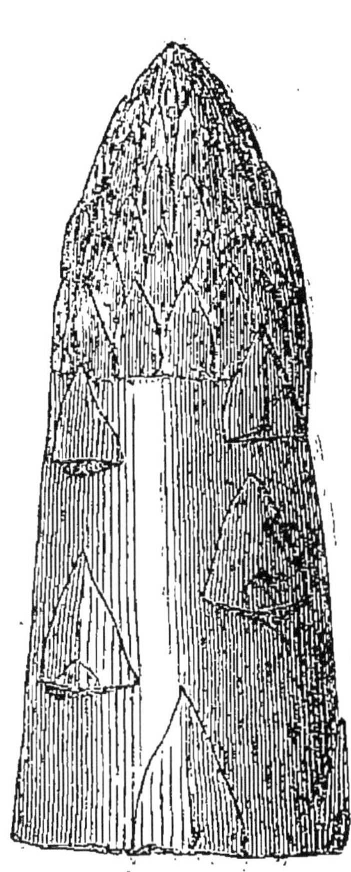

Fig. 2.

La fig 1 représente l'asperge hâtive d'Argenteuil, de grosseur moyenne. Plusieurs atteignent jusqu'à 16 centimètres de circonférence et un poids de 300 grammes.

La fig. 2 représente l'asperge tardive d'Argenteuil, de grosseur ordinaire. Plusieurs atteignent 17 centimètres de circonférence et un poids de 350 grammes.

Ces variétés sont les plus belles et les plus estimées de toutes celles connues. Elles atteignent souvent 16 cent. de circonférence et se plantent sans engrais (voir la brochure : *les Asperges, les Fraises, les Figues, les Framboises et les Groseilles*, 1 fr. 50 c.).

FRAISIERS

LIVRABLES A PARTIR DU 20 SEPTEMBRE JUSQU'AU 30 AVRIL.

AVIS. — Lorsque les terres sont humides ou froides, il est utile d'attendre le printemps pour planter ; mais les plantations faites à l'automne dans les terres franches et légères, dans les sols secs, sont préférables.

Quand les fraisiers arrivent fanés, il faut les plonger dans l'eau pendant quelques heures avant de les planter. — Quel que soit le temps qu'il fasse, il faut les arroser, et s'ils sont fatigués par une longue route, il sera bon de les ombrer pendant une douzaine de jours, surtout si la température est chaude ou sèche.

FRAISIERS NOUVEAUX

ANNONCÉS POUR LA PREMIÈRE FOIS.

NOTA. — Ces fraisiers, qui proviennent de nos gains, ont été soumis, depuis quatre ans, à diverses cultures pour s'assurer qu'ils peuvent répondre à tous les besoins. Nous les recommandons d'une manière spéciale aux amateurs.

Bis in idem. — Fig. 1.   Marida. — Fig. 2.

Bis in idem (*G. Lebœuf*). — Fruit gros et très-gros, fréquemment bilobé, à graines enfoncées et petites, fruit rouge très-foncé, chair rouge marbrée de rose, présentant une cavité interlobaire. Fruit très-bon, juteux, très-sucré, très-parfumé, se conservant très-bien. Maturité moyenne.

Le feuillage de cette excellente plante est souvent quinquelobé comme dans la fraise à 5 folioles................ *le pied* 3 »

Marida *(G. Lebeuf).* — Fruit gros, allongé, irrégulier, rose pâle du côté de la lumière, paille du côté opposé. Graines grosses et rares. Chair blanche fine, eau abondante et légèrement acidulée, parfumée. Maturité tardive (fig. 2).
le pied 3 »

FRAISIERS NOUVEAUX
ANNONCÉS POUR LA SECONDE FOIS.

Reine des noires *(Lebeuf).* — Fruit moyen, presque carré, couleur rouge très-foncé, chair très-rouge, pleine, juteuse, parfumée, feuillage beau. Maturité tardive (fig. 3).
le pied 1 *fr.*, *les 6 pieds.* 5 »

Mme Picard *(Lebeuf).* — Fruit gros, en cône tronqué, couleur rouge foncé, chair blanc rosé, fondante, eau abondante et d'un parfum délicieux, feuillage touffu et vigoureux. Maturité hâtive......... *le pied* 1 *fr.*, *les 6 pieds.* 5 »

Souvenir de Juillet *(Lebeuf).* — Beau fruit long, couleur rose clair, chair rose, pleine, fondante, juteuse et d'un parfum exquis rappelant l'ananas, beau feuillage, très-vigoureux, graines rares et à fleur du fruit. Maturité moyenne (fig. 5)............... *le pied* 1 *fr.*, *les 6 pieds* 5 »

FRAISIERS NOUVEAUX
ANNONCÉS POUR LA TROISIÈME FOIS.

Marthe Lebeuf *(Lebeuf).* — Jolie fraise de bonne grosseur, en cône régulier, couleur rose vif, chair pleine, rose, veinée de blanc, fine, fondante, et d'un parfum très-délicat, feuillage beau, très-vigoureux, plante très-productive. Maturité moyenne (fig. A), *le pied* 1 *fr.*, *les 6 pieds* 4 »

Pulchra *(Lebeuf).* — Fruit de moyenne grosseur, plutôt petit, en cône tronqué, renflé au milieu, à col lisse, couleur rose, chair rouge veinée de blanc, pleine, juteuse, eau fine avec un parfum de pêche très-prononcé, plante forte et vigoureuse, très-productive, beau feuillage. Maturité de moyenne saison (fig. B), *le pied* 1 *fr.*, *les 6 pieds* 4 »

Jeanne Grégoire *(Lebeuf).* — Fruit gros ou très-gros, en forme de toupie, couleur rouge foncé, chair rouge, juteuse, fondante, eau très-abondante, relevée, parfumée, un feuillage touffu et vigoureux, plante d'un bon rapport. Maturité tardive (fig. C)........ *le pied* 1 *fr.*, *les 6 pieds.* 4 »

Mgr Fournier (*Boisselot*). — Fruit gros en forme de toupie un peu aplatie, couleur rouge très-foncé, chair rouge, pleine, ferme, juteuse, se conservant très-bien étant cueilli. Maturité de moyenne saison.. *les 12 pieds.* 6 »

FRAISIERS NOUVEAUX

ANNONCÉS POUR LA QUATRIÈME FOIS

Jupiter (*Lebeuf*). — Fruit de première grosseur en crête de coq ou en cône, couleur rouge clair, graines petites et enfoncées, chair blanc rosé, fondante, juteuse, sucrée et parfumée; beau feuillage, très-fortes hampes. Maturité tardive... *les 6 pieds* 3 »

Gracieuse (la) (*Lebeuf*). — Fruit gros ou très-gros, en forme de toupie tronquée, couleur rouge clair, graines rares et enfoncées, chair blanche, juteuse, sucrée, fondante et parfumée, plante vigoureuse et fertile. Maturité moyenne.. *les 6 pieds* 3 »

Bayard (*Lebeuf*). — Fruit gros, ayant la forme quadrangulaire tronquée à la base, couleur rouge, graines petites et enfoncées, chair blanche, pleine, ferme, relevée, sucrée, juteuse et parfumée, plante robuste et très-fertile. Maturité moyenne.. *les 6 pieds* 3 »

Reinette (la) (*Lebeuf*). — Fruit moyen, turbiné, vermillon, graines petites et enfoncées, chair saumonée, beurrée, peu sucrée, très-parfumée, goût de reinette très-prononcé. Maturité hâtive.............................. *les 6 pieds* 3 »

Colbert (*Lebeuf*). — Fruit gros, pas de forme régulière, couleur rouge foncé, chair saumonée fraîche et savoureuse, juteuse et très-parfumée. Maturité hâtive. *les 6 pieds* 3 »

Coquette (la) (*Lebeuf*). — Gros fruit long ayant la forme d'une poire renversée, couleur rouge, graines enfoncées, chair rosée, juteuse, relevée et très-parfumée, plante très-vigoureuse et fertile. Maturité moyenne...... *les 6 pieds* 3 »

PRINCIPALES. VARIÉTÉS A GROS FRUITS DE RACE AMÉRICAINE

(Voir le *Catalogue général* pour les autres variétés.)

Ce choix est fait dans 400 variétés de race américaine. Celles qui sont marquées *h* ont *hâtives*, — *m*, de *moyenne saison*, — *t*, *tardives*, — *f*, propres à la *culture forcée*.

Les personnes qui n'ont pas de prédilection pour une variété plutôt que pour une autre, pourront nous faire connaître la nature de leur terrain, nous dire si elles désirent des fraisiers de qualité ou de produit. Elles pourront s'en rapporter à notre choix.

Abondance (*Lebeuf*) t......	3	»	
Ambrosia (*Nicholson*) h.....	2	»	
Augusta (*Lebeuf*) m........	3	»	
Auguste Retemeyer (*de Jonghe*) m...............	2	»	
Aurélie (*Lebeuf*) t.........	4	»	
Avenir (*Dr Nicaise*) m......	2	»	
Belle Bretonne (*Boisselot*)..	3	»	
Belle Cauchoise (*Acher*)...	3	»	
Belle de Paris (*Bossin*) t...	2	»	
Belle Lyonnaise (*Nardy*) t.	4	»	
Boule-d'Or (*Boisselot*) m. Les 6	2	»	
Bourguignonne (*Lebeuf*)....	4	»	
Carniola Magna (*de Jonghe*). Les 6 pieds, 2 fr.; les 12...	3	»	
Carolina superba (*Kitley*) m	2	»	
Cérès (*Lebeuf*) t............	3	»	
Châtelaine (la) (*Lebeuf*) m. Les 6 pieds, 2 fr.; les 12...	3	»	
Crimson Cluster (*Mme Cléments*) m...............	2	50	
David (*Lebeuf*) t. Les 6 pieds, 2 fr. 50; les 12 pieds, 4 fr.; les 50 pieds, 12 fr. (Fraisier exceptionnel, peut-être le plus productif de tous).			
Docteur Hogg (*Bradley*)....	3	»	
Docteur Moière (*Berger*)..	4	»	
Docteur Nicaise (*Dr Nicaise*) h	2	»	
Duc de Malakoff (*Glœde*) m f.	1	»	
Eclipse (*Reeve*) h f........	2	»	
Eleonor (*Myatt's*) t.........	1	50	
Emily (*Myatt's*) t...........	2	»	
Elton improved (*Jardins royaux de Frogmore*) m.....	3	»	
Empress-Eugenia (*Knevett*) m f...............	2	»	
Eve (*Lebeuf*) t............	3	»	
Fairy Queen (*Jardins de Frogmore*) m. Les 6 pieds, 2 fr.; les 12...............	3	»	

Fertile (la) (*de Jonghe*) m...	3	»	
Flora (*Lebeuf*) 1/2 t.........	4	»	
Formosa (*Dr Nicaise*), h....	2	»	
Goliath (*Kitley*) t.........	1	50	
Globe (*de Jonghe*) m........	3	»	
Grosse bonne (*Lebeuf*). Les 6	5	»	
Haquin (*Haquin*) t.........	3	»	
Hébé (*Lebeuf*) m...........	4	»	
Her Majesty (*Mme Cléments*).	3	»	
Impériale (*Duval*) t f.......	1	50	
Incomparable (l') (*Lebeuf*) m	4	»	
James Vetsch (*Glœde*) m....	2	50	
John Powel (*Jardin de Frogmore*)...............	3	»	
Jolie (la) (*Lebeuf*) m........	4	»	
Jucunda (*Salter*) t.........	1	»	
Junon (*Lebeuf*)............	5	»	
Kaminski t...............	2	»	
Kate (*Mme Cléments*) h. Les 12.	3	»	
Lisette (*Lebeuf*) m. Les 12...	3	»	
Lucette (*Lebeuf*)...........	5	»	
Longue hâtive (*Lebeuf*) h...	4	»	
Longue tardive (*Lebeuf*) t...	4	»	
Mistress Wilder (*de Jonghe*) m...............	2	50	
Mme Elisa Champin (*Jamin et Durand*) t...............	2	»	
Marguerite (*Le Breton*) h f.	1	»	
Monsieur Radcliffe (*Ingram*) t	3	»	
Napoléon III (*Glœde*) t....	3	»	
Olivier de Serres (*Lebeuf*) m. Les 6 pieds, 2 fr.; les 12....	3	»	
Orb (*Nicholson*) m. Les 12..	2	50	
Pêche de Juin (*Lebeuf*). Les 6 pieds, 2 fr.; les 12.......	5	»	
Président Wilder (*de Jonghe*) m. Les 12 pieds......	2	50	
Princesse Dagmar (*Mme Cléments*) h. Les 12 pieds.....	2	50	
Premier (*Ruffet*) m.........	3	»	
Président (*Green*) h Les 12.	3	»	

	Les 12 pieds.		Les 12 pieds
Prince impérial (*Graindor-ge*) h f................	1 »	Souvenir de Kieff (*de Jonghe*) m. Les 12...............	3
Richard II (*Cuthil*) h........	2 »	Surprise (*Myatt's*) t........	1 50
Rubis (*Dr Nicaise*) m........	2 50	Triomphe de Paris (*Souchet*)	3
Robuste (la) (*de Jonghe*) m..	3 »	The Kimberley (*Kimberley*) t	3
Rose (*Lebeuf*)...............	3 »	Victoria (*Trollop*) m f.....	1
Rustique (la) (*de Jonghe*) m.	3 »	Vineuse de Nautes (*Boisse-lot*). Les 6 pieds, 1 fr. 50;	
Sabreur (*Mme Cléments*) m..	3 »	les 12...............	2 50
Scipion (*Lebeuf*) m.........	4 »	Vingt-Mai (*Lebeuf*), le plus hâtif des fraisiers. Les 12..	3
Sir Charles Napier (*Smith*) t	2 »	Virginie (*de Jonghe*) m. Les	
Sir Harry Orange (*Mackoy*) m Les 12..............	3 »	6 pieds.................	2
Sir Harry (*Underhill*) m f..	2 »	Washington (*Lebeuf*) m....	4
SirJoseph Paxton (*Bradley*) m. Les 12..............	3 »	Withe pine apple (*Withe Albior.*) m. Les 12........	3
Sir Walter Scott (*Nicholson*) m f.................	2 »	Wonderfull (*Jeyes*) t........	2

FRAISIERS PRIS PAR SÉRIE A MON CHOIX

LES FRAISIERS DES QUATRE-SAISONS NE SONT PAS COMPRIS DANS CE SÉRIES

SÉRIE A. — 100 pieds en 10 variétés assorties sans nom.	3
SÉRIE B. — 100 pieds ; 10 variétés étiquetées..........	8
SÉRIE C. — 100 pieds ; 10 var. hâtives, moyennes et tard.	10
SÉRIE D. — 100 pieds ; 10 — — —	12
SÉRIE E. — 100 pieds ; 10 — supérieures......	20

ARBRES FRUITIERS

Nota. — Pour se renseigner sur les meilleures variétés à cultiver en espalier, en plein vent, etc., consulter l'ouvrage annoncé à la dernière page de ce catalogue : *Culture et taille rationnelles et économiques du poirier, du pommier*, etc. (Voir le *Catalogue général* pour les meilleures variétés.)

ABRICOTIERS
VARIÉTÉS RECOMMANDABLES

Haute tige ou plein vent........................	1 50	à	2 »
Demi-tige..................................	1 »	à	1 20
Espalier..................................	» 50	à	1 »

CERISIERS
VARIÉTÉS LES PLUS MÉRITANTES

Haute tige ou plein vent......................	1 50	à	1 75
Demi-tige..................................	» 80	à	1 25
Espalier ou pyramide........................	» 50	à	» 80

PÊCHERS
VARIÉTÉS BIEN CHOISIES

Haute tige..	1 50	à	2 »
Demi-tige..	1 »	à	1 20
Espalier.........	» 75	à	1 »

POIRIERS
CENT VARIÉTÉS DE PREMIER MÉRITE

Haute tige sur cognassier	1 50	à	2 »
Pyramide, espalier ou basse tige...............	» 70	à	1 »
Cordons ou jeune sujet pour espalier et pyramide.	» 50	à	» 60
Haute tige sur franc............................	2 »	à	2 50
Pyramide, espalier ou basse tige sur franc........	» 90	à	1 10
Cordons ou jeune sujet pour pyramide et espalier sur franc.............................	» 60	à	» 75

Voir au *Catalogue général* les listes des variétés et les époques de maturité.

NOISETIERS
DOUZE VARIÉTÉS

Aveline longue et ronde, de.....	» 40	à	» 60
Grosse noisette d'Espagne, etc...............	» 50	à	» 70
Noisetiers divers *à gros fruits*......	» 30	à	» 40
Noisetier à feuilles laciniées...............	1 »	à	1 50
— — pourpres..................	» 75	à	1 »

FRAMBOISIERS

Framboisier rouge à gros fruit, la douz. 3 fr. »

Merveille des quatre-saisons, à gros fruit rouge remontant et produisant jusqu'aux gelées....... 4 »

Cesar à fruit blanc, très-belle et très-bonne, la douzaine... 4 »

Merveille des quatre-saisons, à fruit jaune, la douzaine .... 4 »

Belle de Fontenay, remontante à fruit rouge, la douzaine... 3 »

Belle de Palluau, gros fruit rouge, excellente, la douzaine 3 50

Catawissa, framboisier originaire de l'Amérique, fruit gros rouge, de qualité supérieure. Variété remontante, la douzaine .... 3 »

Falstaff, très-beau fruit rouge, la douzaine....... 4 »

Superbe d'Angleterre, gros fruit rouge, l'une des plus belles framboises 3 50

Brinckle's orange, fruit magnifique, jaune orange, la pièce .... » 40

Surpasse merveille, très-gros fruit jaune de bonne qualité, la pièce 30 c., les 6 .... 1 50

Semper fidelis, fruit rouge, bonne variété, les 6. 2 »

GLAIEULS GANDAVENSIS
ET VARIÉTÉS HYBRIDES

1re série, extra, 25 ognons variés .... 8 fr.
2e série, de choix, de 25 ognons assortis .... 6 fr.
3e série, de 25 ognons assortis .... 4 fr.
Le cent en mélange .... 20 fr.
— Deuxième choix .... 15 fr.

ROSIERS
Voir le *Catalogue général et descriptif* pour les noms.

Belle collection et très-variée : la pièce selon nouveauté et force.

Tige d'un mètre environ .... 1 fr. 50 à 2 fr. »
Demi-tige .... 1 » à 1 40
Franc de pied .... » 50 à 1 »

LAITUE LEBEUF
A GOUT DE ROMAINE.

Cette nouvelle variété de salade que nous offrons aux amateurs a été obtenue dans notre établissement en 1865 ; elle provient de la fécondation d'une romaine par une laitue, et présente les caractères suivants : feuille demi-ronde, gaufrée, couleur vert foncé. La pomme est très-dure, d'un blanc parfait quand elle est parvenue à maturité. Elle se coiffe seule comme toute les bonnes laitues et pèse 1 kilo 500 à 2 kilos. Elle est d'hiver, de printemps, d'été et d'automne ; les semis réussissent en toute saison. Elle est très longue à monter (elle reste pommée près d'un mois) ; aussi faut-il la semer dès le mois de février ou les premiers jours de mars pour en obtenir de la graine. Semée à l'automne, elle est bonne à manger avant la romaine verte maraîchère ; elle est très-croquante, tendre, pleine d'une eau fraîche et savoureuse, analogue à celle de la romaine, mais plus fine. Cette salade qui est maintenant fixée et épurée par une sélection de plusieurs années sera classée parmi les meilleures variétés existantes.

Ne disposant que d'une faible quantité de graine, nous la céderons aux amateurs, par petits paquets d'un gramme, à partir du 1er novembre.

Le paquet pouvant représenter environ 500 graines est coté 60 c.

POMMES DE TERRE

Nous offrons à nos honorables clients une collection composée des meilleures pommes de terre nouvelles et anciennes, aux prix et conditions suivants.

COLLECTIONS

12 tubercules en 12 variétés à notre choix.........	1	»
25 — en 25 — —	2	»
Chaque variété au choix du client, le tubercule......	0	10
La collection entière par 2 tubercules...............	8	»

Il suffit de rappeler le n° d'ordre dans les commandes.

BEGONIAS TUBÉREUX

La vogue dont jouissent ces belles plantes nous a engagé à nous procurer une des collections les plus riches, composée de tout ce qui a été produit en belles variétés ces dernières années.

Pour le détail de la collection demander le *Catalogue général.*

GLOXINIAS

Qui n'a remarqué sur nos marchés ces belles plantes au feuillage velouté, aux fleurs dont la corolle évasée est teinte de couleurs si variées ? Les fleuristes entourent les fleurs de coton qui en fait encore mieux ressortir l'éclat. Avec l'aide de quelques châssis ou d'une serre froide on pourra jouir, pendant tout l'été, des belles fleurs des Gloxinias.

La collection que nous offrons a été choisie parmi les meilleures nouveautés. (Demander le *Catalogue général.*)

CYDONIA JAPONICA
COGNASSIER DU JAPON

Un des plus jolis arbrisseaux du Japon, le Cognassier se couvre aux premiers beaux jours de milliers de fleurs variant du rouge le plus foncé au blanc le plus pur ; ses fruits parfumés succèdent aux fleurs. Arbustes très-propres à faire de jolies haies et pour mettre à la place la plus en vue des massifs.

Demander le *Catalogue général.*

POTENTILLES

Genre voisin du Fraisier, appelé par quelques personnes le fraisier à fleur. La Potentille est une plante rustique servant à former de jolies bordures. Les noms baroques que l'on a donnés à certaines variétés sont justifiés par l'excentricité du coloris.

Demander le *Catalogue général.*

PIVOINES HERBACÉES

Les bonnes plantes vivaces semblent rentrer en faveur. Nous en félicitons le public, car quelle plante peut lutter comme grandeur de fleur avec la Pivoine, comme parfum avec l'œillet, comme élégance et pureté de forme avec le lis, enfin comme éclat de coloris avec le lychnis croix de Jérusalem?

Aussi offrons-nous à notre clientèle, une collection de pivoines herbacées de tout premier choix, composée de 60 variétés, de 1 fr. à 1 fr. 50 pièce.

PHLOX

Choix magnifique parmi les meilleures nouveautés, de 0 fr. 75 à 1 fr. 25 la pièce.

CHRYSANTHÈMES

Magnifique collection de 0 fr. 75 à 1 fr. 25.

DAHLIAS

200 variétés de 0 fr. 75 à 1 fr. 25.

COLLECTION DE PLANTES VIVACES

ŒILLETS, CROIX DE JÉRUSALEM, SAUGES, LIS, ASTER, PIEDS D'ALOUETTE, ETC., ETC.

25 plantes variées à mon choix pour...............	20 fr.
25 plantes plus rares pour.........................	30 fr.
100 plantes variées pour...........................	75 fr.
100 plantes plus rares.............................	125 fr.

Ces collections seront toujours bien composées. Nous n'avons pas intérêt à répandre de mauvaises plantes.

PLANTES DIVERSES

VIOLETTE, LE CZAR. La plus estimée pour les marchés. Le cent.... 3 »

WEIGELIA AMABILIS LOOYMANSI AUREA. Magnifique Weigelia à feuilles entièrement dorées et à fleurs roses. Plantes fortes. La pièce..... 10 »

D'un an...... .... 6 »

NOYER à feuilles laciniées..	2 50	FRÊNE doré.................	2 50
MARRONNIER, — ..	2 50	HÊTRE pourpre.............	2 50
ORME PLEUREUR.......·....	2 50	CHÊNE rouge d'Amérique....	2 50
BOULEAU —	2 50	PECHER à feuilles pourpres...	1 50
ACACIA —	2 50	CLEMATITES à grandes fleurs	
NOISETIER —	2 50	magnifique collect. de 1 fr. 50 à 3 fr.	
SOPHORA —	2 50		

AQUILEGIA CHRYSANTHA, charmante espèce, à fleur jaune serin, remonte très-bien.. 1 plante.   1   »

CENTAUREA RUTIFOLIA, plante des Balkans, beaucoup plus élégante que le *Centaurea ragusina*.......................... 1 plante.   6   .

NERTERA DEPRESSA, charmante plante de serre froide, forme de jolis tapis pour rocailles, qui se couvrent l'été de milliers de fruits orangés.............. .... 1 plante.   1   »

APONOGETON DISTACHION, plante aquatique du cap de Bonne-Espérance, résiste parfaitement au froid dans nos étangs, se cultive aisément en terrines remplies de sphagnum et de terre de bruyère grossièrement concassée et épanouit tout l'hiver ses belles fleurs blanches très-odorantes............................... 1 plante.   1   »

HORTENSIA, à feuilles panachées........................ 1 plante.   2 50

IBERIS GIBRALTARICA, plante excellente pour bouquets l'hiver, fleurit abondamment en serre froide.............................. 1 plante.   1   »

PAPAVER UMBROSUM, originaire des régions de la mer Caspienne, fleur cramoisi éblouissant, ornée d'une grande macule noir jais sur chaque pétale...................................... le paquet.   1   »

PERSIL à feuilles de fougère, splendide nouveauté..... le paquet.   1   ›
Très-propre à l'ornementation des corbeilles.

ERYNGIUM A PORT DE PANDANUS

```
EBURNEUM.................... 1 plante   1 fr.
LASSEAUXII.................. 1    —     1 fr
PANDANIFOLIUM .... ......... 1    —     1 fr.
PLATYPHYLLUM............... 1    —     1 fr.
```

Ces belles introductions, trop peu répandues, forment de splendides touffes isolées au milieu des pelouses.

ANTHERICUM COMOSUM VARIEGATUM, port du *Pandanus Veitchi*, plante de serre froide excellente pour décoration des appartements, 1 plante. 10   »

PLANTES NOUVELLES OU PEU CÓNNUES

TORENIA FOURNIERI (Lind.). — Charmante plante à fleurs bleu foncé, à lèvres marquées de jaune vif.
Semer en Février-Mars, sur couche chaude, sans recouvrir la graine, repiquer en godets et mettre en pleine terre en Mai, Juin.
Fleurit toute l'année en serre. Originaire de la Cochinchine.
Le paquet...................... 2 francs.

CAMPANULA MACROSTYLA (Boiss.) — Une des plus curieuses campanules.
Plante trapue, feuilles sessiles, linéaires, lancéolées, fleur grande, calice à divisions lancéolées, aiguës, ciliées, corolle largement ouverte, quinquelobée, réticulée de violet sur fond blanc.
Style longuement exserte. Stigmate épais, d'abord en massue, ensuite trifide. Bisannuel. Orient. (Voir la figure, *Catalogue des graines*.)
1 paquet de graines......... 2 francs.

PRITCHARDIA FILIFERA (l.ind.). — Splendide palmier qui résistera en plein air dans le midi de la France.

Le bord des divisions des feuilles se couvre de longs filaments blancs qui donnent à la plante un aspect fort original.

Originaire de la Californie.

1 plante..................... 5 francs.
10 plantes.................... 45 —

MENTHA REQUIEMI. — Charmante miniature ne dépassant pas deux milli-mètres. Se couvre l'été de nombreuses fleurs roses.

Propre aux rocailles. 52

Le pied..................... 1 franc.

NIEREMBERGIA RIVULARIS. — Charmante plante pour bordures. Nombreuses fleurs blanches. 52

Le pied..................... 1 franc.

PRIMULA JAPONICA. — La plus belle des primevères (Japon).

Le pied..................... 0 fr. 75
12 pieds.................... 6 francs.
25 pieds.................... 10 —

RHEUM OFFICINALE (vrai de Baillon). — Nouvelle espèce à feuilles très-larges et très-vigoureuses.

1 plante..................... 5 francs.

ANEMONE JAPONICA et **HONORINE JOBERT**. — Deux magnifiques plantes, fleurissant à la fin de l'été.

1 griffe..................... 0 fr. 50

ŒTHIONEMA CORIDIFOLIUM — Charmante plante à fleurs roses, pour bor-dures.

1 plante..................... 1 franc.

XANTHOCERAS SORBIFOLIA. — Nouvelle espèce de la Chine. Se couvre de fleurs rosées au printemps. Cet arbuste sera bientôt dans tous les jardins.

1 plante..................... 10 francs.

PHORMIUM VEITCHI — Lin de la Nouvelle-Zélande à feuilles panachées. Propre à orner les appartements et à isoler sur les pelouses l'été.

1 plante..................... 6 francs.

IDESIA POLYCARPA. — Arbre à joli feuillage, à pétioles rougeâtres. On a fai passer le fruit comme comestible.

Prix..................... 6 francs.

EULALIA JAPONICA. — Magnifique graminée de pleine terre à feuilles pana-chées. Pousse vigoureusement et est très-rustique.

Prix..................... 4 fr.

AMPELOPSIS VEITCHI. — Vigne vierge à feuilles découpées, passant au rouge pourpre à l'automne et conservant ses feuilles 15 jours plus tard que la vigne vierge ordinaire.

Prix..................... 2 fr. 50

GAZON ANGLAIS DE PROVENANCE DIRECTE
1 kilo, 1 fr. 25; 10 kilos, 11 fr. 50; 100 kilos, 100 fr.

ACHAT DE PLANTES DE COLLECTION
ORCHIDÉES OU AUTRES PLANTES INTERESSANTES
Adresser les renseignements franco

GRAINES POTAGÈRES ET DE FLEURS
Demander le Catalogue spécial.

OGNONS A FLEURS, PLANTES BULBEUSES
Demander le Catalogue spécial

PRODUITS INDUSTRIELS HORTICOLES

ENGRAIS CHIMIQUES CONCENTRÉS
DE F.-V. LEBEUF

ENGRAIS DES SERRES, spécial pour plantes de serres et d'appartements. 1 *kilo représente environ* 60 *à* 80 *kilos de fumier.* 1 gramme par litre d'eau. 1 arrosage tous les 8 jours. 500 grammes................ 3 fr.

ENGRAIS DES JARDINS pour toutes sortes de plantes et légumes. 1 *kilo représente environ* 60 *à* 80 *kilos de fumier.* 4 grammes à 5 grammes par litre d'eau. Un arrosage tous les 6 jours. 500 grammes.......... 3·fr.

(*Eviter, en employant ces engrais, de mouiller le feuillage.*)

Remise de 10 p. 0/0 pour toute commande dépassant 5 kilos.

Nous pouvons aussi expédier par la poste les *Engrais chimiques concentrés,* mais aux prix suivants :

ENGRAIS DES SERRES. — La boîte de fer-blanc pesant net 150 gr...... 1 50

ENGRAIS DES JARDINS. — La boîte de fer-blanc pesant net 150 gr... 1 50

DÉPOT DE MASTIC A GREFFER A FROID
DE M. LHOMME LEFORT
32 MÉDAILLES A DIVERSES EXPOSITIONS
0 fr. 75 cent. — 1 fr. 50 cent. — 3 fr. la Boîte.

Boîtes de 2 et 3 kilos, à **2 fr. 75** le kilo.

ÉTIQUETTES EN ZINC POUR ARBRES ET POTS

N° 1. Pour arbres, carrées avec œillets.	Le cent, 3 fr.	» Le mille, 25 fr.
N° 2. — — — .	Le cent, 2 fr.	» Le mille, 16 fr.
N° 3. — longues avec œillets.	Le cent, 1 fr. 50	Le mille, 10 fr.
N° 4. Pour pots....................	Le cent, 4 fr.	• Le mille, 30 fr.
N° 5. —	Le cent, 1 fr. 50	Le mille, 12 fr.

Flacon d'encre préparée spécialement pour ces étiquettes. **1 fr. 50**

OUTILS DIVERS

POUR PROPRIÉTAIRES, JARDINIERS ET AGRICULTEURS

Tous ces outils sortent de la maison Saynor de Sheffield, la première maison anglaise pour la fabrication des instruments de jardinage et agricoles.

Nous prions instamment nos honorables clients de jeter les yeux sur le prix courant spécial illustré qui leur sera envoyé franco. Des gravures d'une exécution parfaite permettent à l'acheteur de choisir pour ainsi dire l'outil à sa main.

Nous ne tirons pas un grand bénéfice de la vente de ces articles, nous nous estimerions assez récompensés si nous arrivions à répandre en France ces outils si parfaitement conditionnés qu'ils sont presque inusables.

Pour les détails et le prix courant, consulter le catalogue spécial.

BÊCHES DE L'AISNE

Ces bêches sont admirablement fabriquées et en excellent acier. Ce sont les seules dont nous nous servions.

Haut. 21 cent.	4 »
22 —	4 50
25 —	5 25
27 —	6 »
30 —	6 75

SÉCATEUR BRASSOUD

Avec son ressort de rechange. Prix .... 8 fr.

BOTTELEUR A ASPERGES

Modèle d'Argenteuil. Prix.................... 8 fr.

TABLE A BOTTELER

POUR ASPERGES

Modèle Parent (Voir la brochure : *Culture de l'Asperge à la charrue* ou la 7ᵉ édition de l'ouvrage : *les Asperges, les Fraises,* etc.
Prix sur demande.

CHARRUE PARENT

POUR LA CULTURE DE L'ASPERGE

Voir la brochure : *Culture de l'Asperge à la charrue* ou la 7ᵉ édition de l'ouvrage : *les Asperges, les Fraises,* etc.
Prix sur demande.

NOUVEAU LIEN POUR ATTACHER LES PLANTES

FIBRES DU JAPON

Le meilleur lien pour attacher les plantes. Le plus économique, le plus propre. Souple et solide, ce nouveau lien ne blesse pas les plantes. Il peut se subdiviser à l'infini. Le kilo...................................... 3 fr.

Nous nous chargeons de procurer à notre clientèle tous les ustensiles de jardinage et produits de l'industrie horticole qui nous seront désignés. L'emballage sera surveillé avec le plus grand soin.

OUVRAGES DE V.-F. LEBEUF

*Ces ouvrages sont expédiés franco par la poste, contre un mandat
ou des timbres-poste à 25 c. non séparés.*

Culture des champignons de couche et de bois et de la truffe,
ou moyen de les multiplier, reproduire, accommoder, conserver, de reconnaître
les champignons sauvages comestibles, etc. 1 vol. in-18 jésus, avec 20 gravures,
franco par la poste, 1 fr. 50.

Culture de la Vigne, *Guide du Vigneron et de l'Amateur de treilles,*
indiquant, mois par mois, les travaux à faire dans le vignoble et dans les jardins
sur les treilles; la manière de planter, gouverner, dresser, cultiver la vigne
d'après toutes les méthodes en usage en France, la guérir de ses maladies; suivie
de l'*Oidium,* ou moyen de le traiter et de le guérir. 1 vol. in-18, avec 32 gravures, 2 fr. 80.

Engrais des jardins. — Moyens de s'en procurer, d'en fabriquer à dis-
crétion et à bon marché, ou quels sont les meilleurs engrais animaux, végétaux,
artificiels, chimiques et du commerce; la manière de modifier la nature du sol
par leur emploi, d'avoir de l'eau pour les arrosements, etc. 1 vol. in-18, 1 fr. 25 c.
franco par la poste.

**Les Asperges, les Fraises, les Figues, les Framboises et
les Groseilles,** ou description des meilleures méthodes de culture, pour les
obtenir en abondance et presque sans frais, suivi de la manière de les forcer
pour avoir des primeurs et des fruits pendant l'hiver, du Calendrier du cultivateur
d'asperges, de fraisiers, indiquant, mois par mois, les travaux à faire dans les
aspergeries, les fraisières. 1 vol. in-18, avec 28 figures, sixième édition, *franco*
par la poste, 1 fr. 50.

**L'Horticulteur-gastronome. — BONS LÉGUMES ET BONS
FRUITS,** ou choix des meilleures variétés de plantes potagères et arbres fruitiers, vignes, etc., à cultiver; moyens de *conserver les fruits et légumes* pendant
l'hiver, suivis des 365 *salades de l'ami Antoine,* de la manière *d'établir un
jardin potager fruitier de produit,* et du *Calendrier de l'horticulteur.* 1 vol.
in-18, 1 fr. *franco* par la poste. (On peut envoyer des timbres-poste à 25 cent.
non séparés)

Arbres fruitiers. — *Culture et taille économiques et rationnelles* des
poirier, pommier, prunier, cerisier, ou : 1º Moyens de préparer le sol
et de planter économiquement pour avoir des arbres productifs et de longue
durée; 2º Description des 30 meilleures variétés de poires pour espaliers et des
30 plus méritantes pour haute tige pour la consommation de l'été, de l'automne,
de l'hiver et du printemps; 3º Formes nouvelles naturelles opposées aux formes
théoriques et fantaisistes, improductives et onéreuses; 4º Taille simplifiée;
5º Conservation des fruits; 6º Extinction des variétés anciennes et leur rempla-
cement ; 7º Silhouettes ou gravures des 43 meilleures poires de grandeur naturelle
et gravées d'après nature, un espalier et une pyramide modèles, etc. 1 vol. grand
in-18 jésus, *franco* par la poste, 2 fr. 50.

Révolution agricole, ou *moyen de faire des bénéfices en cultivant les
terres.* 1 vol. in-18, 5 gravures dans le texte, 2 fr. *franco* par la poste.

Dans cet ouvrage, l'auteur expose un système complètement nouveau, basé sur
l'expérience et dont les résultats sont certains. C'est le seul travail qui existe en
ce genre.

Culture de l'Asperge à la Charrue, d'après la méthode Parent.
Description d'un nouveau mode de culture de l'Asperge : de la charrue pour
cultiver l'Asperge, de la table à botteler, etc., etc., par A. Godefroy Lebeuf.
Une brochure in-18, 3 gravures, 0 fr. 75, *franco* par la poste.

Imprimerie D. BARDIN, à Saint-Germain.

Imprimerie D. BARDIN, à Saint-Germain.

www.ingramcontent.com/pod-product-compliance
Ingram Content Group UK Ltd.
Pitfield, Milton Keynes, MK11 3LW, UK
UKHW021222140726
13695UKWH00002B/708